服装人体工程学

Apparel ergonomics'

黄灿艺 著

中国财经出版传媒集团

经济科学出版社
Economic Science Press

图书在版编目（CIP）数据

服装人体工程学/黄灿艺著. -- 北京：经济科学出版社，2023.9

ISBN 978-7-5218-5204-2

Ⅰ. ①服… Ⅱ. ①黄… Ⅲ. ①服装-工效学-教材 Ⅳ. ①TS941.17

中国国家版本馆 CIP 数据核字（2023）第 188494 号

责任编辑：杨 洋 卢玥丞
责任校对：易 超
责任印制：范 艳

服装人体工程学
黄灿艺 著
经济科学出版社出版、发行 新华书店经销
社址：北京市海淀区阜成路甲 28 号 邮编：100142
总编部电话：010-88191217 发行部电话：010-88191522
网址：www.esp.com.cn
电子邮箱：esp@esp.com.cn
天猫网店：经济科学出版社旗舰店
网址：http://jjkxcbs.tmall.com
北京季蜂印刷有限公司印装
710×1000 16 开 14 印张 210000 字
2023 年 9 月第 1 版 2023 年 9 月第 1 次印刷
ISBN 978-7-5218-5204-2 定价：52.00 元
（图书出现印装问题，本社负责调换。电话：010-88191545）
（版权所有 侵权必究 打击盗版 举报热线：010-88191661
QQ：2242791300 营销中心电话：010-88191537
电子邮箱：dbts@esp.com.cn）

前　言

人体工程学最早是由波兰学者雅斯特莱鲍夫斯基提出的，在欧洲名为“Ergonomics”，其含义是“人出力的规律”或者“人工作的规律”。其主要研究的是人在某种工作环境中的心理学、解剖学以及生理学等方面的因素，研究其在环境中的相互作用，研究其在工作中、家庭生活中和休假时怎样统一考虑工作效率、人的健康、安全和舒适等问题。而服装人体工程学是人体工程学的一个分支。它是受西方人体工程学的影响而出现的，因此服装人体工程学也被看作是人体工程学的分支学科。服装作为人体工程学的载体，也成了学科理论与实践的媒介。只不过人体工程学的历史较为短暂，只有几十年，服装人体工程学也就成了一个新兴学科，可发展的空间还很大。

服装是和人关系最密切的生活介质之一，服装人体工程学研究人体与环境要求下服装的基础理论知识、人体工程学的具体应用，其中尤以人体工程学在服装空间造型设计与服装结构功能设计领域的应用为重点。服装工程学的研究对象是“人—服装—环境”系统，从适合人体的各种要求的角度出发，对服装设计与制作提出要求，以数量化情报形式来为创作者服务，使设计尽可能最大限度地适合人体的需要，达到舒适卫生的最佳状态。服装工程学是一门以人为主体、服装为媒介、环境为条件的系统工程学科，研究服装、环境等与人相关的诸多问题，使它们之间达到和谐匹配、默契同步的关系。服装人体工程学涉及人体测量学、人体解剖学、人体心理学、服装材料学、服装设计学、环境卫生学等学科，是一门综合性的学科。

从近代到现在，研究人员在服装工程学的发展上也做了很多努力，为服装工程学的发展奠定了基础。早在古希腊时期，哲学家恩培多克勒就提出了皮肤呼吸学说，到 19 世纪时，卫生学的始祖培丁考佛教授在慕尼黑大学开设实验卫生学讲座，开始研究服装对环境卫生的重要作用，1891 年，鲁布纳在前人研究的基础上发表了自己的研究成果，确立了服装卫生学的基础。在对服装热温舒适性的研究中，从1941年一直到20世纪60年代后期，经历了从刚开始盖奇等提出服装隔热保暖指标——克罗（clo），至20世纪60年代后期，美国、英国、日本等国研制了各种模拟人体热湿状态的出汗暖体假人，用于衣料的热湿传递试验。我国的服装人体工程学研究起步相对较晚，但很多服装研究人员也做了很多有价值的研究，从1984年开始姚穆教授等研制了织物微气候仪，提出了“当量热阻”等综合反映织物传热传湿的性能指标。到2002年我国香港理工大学的范金土等成功研制出世界上第一个采用水和特种织物制作的出汗暖体假人。尽管我国的服装人体工程学研究起步晚，但仍然抵挡不住研究的速度与进展。

本书以服装设计中如何运用人体工程学为主脉进行编写，开展了对服装人体工程学的探讨，共分为六章内容。

第一章是服装人体工程学概述，首先了解人体工程学和服装人体学的概念与发展，其次深入了解二者的研究与实际应用；第二章是服装人体工程学与服装设计系统，围绕人体、人体形态、生理、卫生与服装设计的关系展开介绍；第三章是服装人体工程学与人体测量系统，重点阐述人体形态与尺寸测量的关系、测量技术的应用，延伸并补充服装生理心理属性测定以及人体工程学与服装规格尺寸制定；第四章是基于人体工程学的服装材料和设计理念，在人体工程学的基础上研究材料选择、新型高科技服装材料、材料加工工艺以及服装设计理念；第五章是服装人体工程学与人的感知心理系统，以服装人体工程学为基础，对服装的感性、色彩、形态以及标志图形进行设计；第六章是服装人体工程学与特殊群体，重点阐述高龄者和残障人士与服装人体工程学的关系。

笔者所指导的研究生王莹、高玉红、刘玫瑾、唐琳、徐晓静、郑小芳参与了本书参考图片的绘制与编辑，特此表示衷心的感谢。另外，鉴于笔者水平有限，书中难免会有一些不足之处，敬请各位读者予以斧正。

第一章
CHAPTER 1

服装人体工程学概述

受西方人体工程学的影响，服装人体工程学应运而生，服装人体工程学也被看作是人体工程学的分支学科。

自此之后，服装作为人体工程学的载体，成为学科理论和实践的媒介。服装人体工程学和人体工程学关系密切，本章将从人体工程学和服装人体工程学的概念与发展，以及研究与应用进行阐述。

第一节　人体工程学的概念与发展

人体工程学起源于欧美，起初是探求人与机械之间的协调关系，后来逐渐发展为探究人—机械—环境的系统。其作为独立学科至今已有几十年的历史。

一、人体工程学的概念

随着时代的发展，人们对生活环境提出了更高的要求，各行各业的设计师们也都需要根据人体工程学的专业知识，结合当前实际，创造出令人满意的设计。接下来将从四个方面对人体工程学进行初步认识。

（一）人体工程学的命名

人体工程学本身没有统一的名字。最初在美国被称为工程心理学或应用试验心理学，在西欧大多被称为工效学，这一词语能够较为全面地反映该学科的本质，因此在欧洲该学科被通称为“人类工效学”。

在国内，除了常见的人体工程学名称外，还有人的因素、人类工程学、人机工程学、宜人学、人类工效学及工程心理学等名称。

（二）人体工程学的定义

人体工程学是一门新兴的综合学科，它吸收了社会学科和自然学科的广泛知识内容，是工程科学、人体科学和环境科学相互渗透的产物。至今人体工程学并没有全球统一的定义，各国都有着自己的理解。

1. 美国

美国人体工程学专家查尔斯·伍德（Charles C. Wood）对人体工程学进行了定义：设备设计必须围绕人考虑，要适合人的各方面因素，以便能够在操作上付出最小的代价，从而得到最高效率。伍德森（W. B. Woodson）认为人体工程学研究的是人与机器相互关系的合理方案，即对人的直觉显示、操作控制、人机系统的设计以及其布置和作业系统的组合等进行有效的研究，其目的在于获得最高效率，以及在作业时感到安全和舒适①。

2. 日本

日本的人体工程学专家认为：人体工程学是根据心理学、人体解剖学、生理学等特点，逐步了解人的作业能力和极限，并根据该信息，让机器、生活、工作、环境等条件和人体相适应的学科②。

3. 苏联

苏联的人体工程学专家认为，人体工程学是围绕劳动生活的一种学科，具体是指研究人在生产过程中的可能性、劳动生活方式、劳动组织安排，从而提高人的工作效率，同时创造舒适和安全的劳动环境，保障劳动

---

①② 曾志浩，邱悦，鲍雯婷．室内设计与人体工程学［M］．石家庄：河北美术出版社，2018：3.

人民的健康，使人从心理到生理上都得到全面发展①。

4. 中国

中国在1979年出版的《辞海》中曾对人体工程学下过定义：人体工程学是一门新兴的边缘学科，该学科运用了生物力学、人体测量学、生理学、工程学以及心理学等学科的研究方法和手段，从而综合地进行人体结构、力学、心理及功能等问题研究的学科，用来设计出能够使操作者发挥最大效能的机械、控制装置和仪器，并研究控制台上各个仪表的最佳位置②。

《中国企业管理百科全书》中将人体工程学定义为：人体工程学研究人和机器、环境相互作用及合理结合，使设计的机器和环境系统适合人的生理、心理等特征，达到在生产中提高效率、安全、健康和舒适的目的③。

5. 国际

在国际人类工效学学会（International Ergonomics Association，IEA）中对人体工程学的定义是最全面、最权威的：人体工程学是一门综合学科，涉及面较广，包括研究人在某种工作环境中的心理学、解剖学和生理学等方面的因素，研究人和环境及机器之间的相互作用，研究在家庭生活、工作及休假时怎样统一考虑安全舒适、工作效率和人的健康等问题④。

（三）人体工程学的内涵

尽管各国对人体工程学有不同的定义，但从上述定义中也不难看出他们之间仍有些许的共同点，这也就是人体工程学固有的内涵。

1. 研究对象

人体工程学的研究对象是指人、机、环境三要素之间的整体状态和过程，三者之间的关系是相互依存、相互制约、相互作用的。

人是指物品或者机器等的使用者或操作者；机是指人操作或者使用的物，包括设施、设备和工具，也可以是机器；环境是指人、机所处的周围环境，如社会环境、化学环境及作业场所和空间等。

---

①②③④ 曾志浩，邱悦，鲍雯婷．室内设计与人体工程学［M］．石家庄：河北美术出版社，2018：3.

三者可以构建成人—机—环境系统，这是指共处于同一时间和空间的人与其所使用过的机器以及它们所处的周围环境所构成的系统，简称人—机系统。

2. 研究目的

人体工程学的研究目的是使人们在工程技术和工作中能够使三者得到合理的配合，实现系统中人和机器的安全、健康、舒适及效能等的最优化。

（四）人体工程学的分类

1. 设备人体工程学

设备人体工程学从生理学和解剖学角度入手，对不同的性别、年龄甚至是民族的人的身体各部位都进行了静态和动态的测量。前者包含手长、身高和坐高；后者包括四肢活动范围，在此基础上测量的基本参数作为设计中最根本的尺度依据。

一般来说，静态的人体尺度要大于动态的人体尺度，因此在设计过程中要结合实际情况选择最正确的人体尺度，尽量减少误差。例如，在设计公共汽车上的拉手时，就需要考虑人在抓握时手的状态，这就要求高度测量标准不应当是人的指尖到脚底的距离，而应当是人的掌心到脚底的距离。

2. 功能人体工程学

功能人体工程学通过分析人的适应性、知觉和智能等心理因素，研究人对环境刺激的承受能力和反应能力，为创造实用、舒适、美观的生活环境提供科学依据。

环境是人们生活赖以生存的地方，环境的优劣也直接影响人们的活动能力。如人对环境中的照明条件会有或多或少的要求，那么过暗或者过亮都会影响人的工作效率，环境中的噪声过强或者完全消除噪声的环境，也会影响人的工作效率。

二、人体工程学的发展

人体工程学起源于欧洲，形成和发展于美国，其作为一门学科的发展历史至今只有近百年，由于人体工程学研究的是人、机、环境之间关系的问题，只要有人存在的环境，就会有人体工程学的问题。因此，人体工程学得到了快速的发展，并且被广泛应用于医学、国防、农业和工业等领域。

根据制作工具和发展程度的不同，可以将人体工程学分为以下几个阶段，如图 1－1 所示。

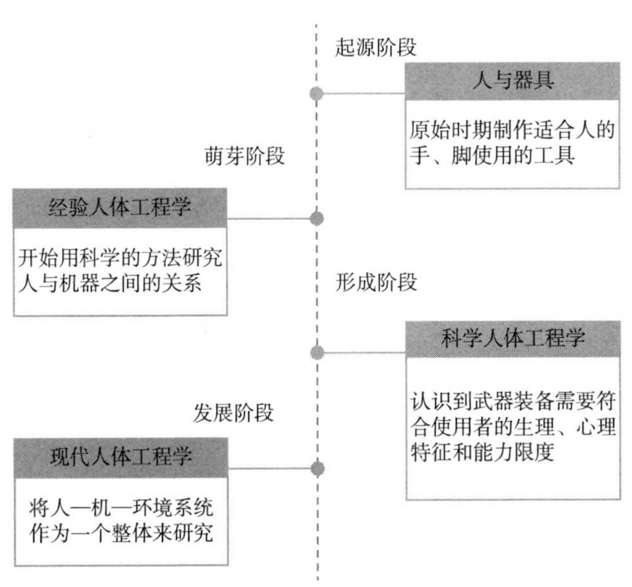

图 1－1　人体工程学的发展阶段

（一）原始人机关系（起源阶段）——人与器具

人体工程学作为一个学科的发展历程较短，但是该学科研究的人、机器、环境之间的关系却历史悠久。从原始时期人们便开始制造工具，研究人与工具之间的关系，以制造出适合人的手、脚使用的工具。例如，在石器时代，人类开始根据手的形态，将石块制作成有割、敲、刮、砸作用的工具，要保证人能拿得动、握得住，并且不会因为反作用力将手刺破，如图 1－2 所示。在之后的漫长岁月里，为了满足更高的生活水平需求，人们开始不断提升自我，发明并且研制了许多新型机器和工具。

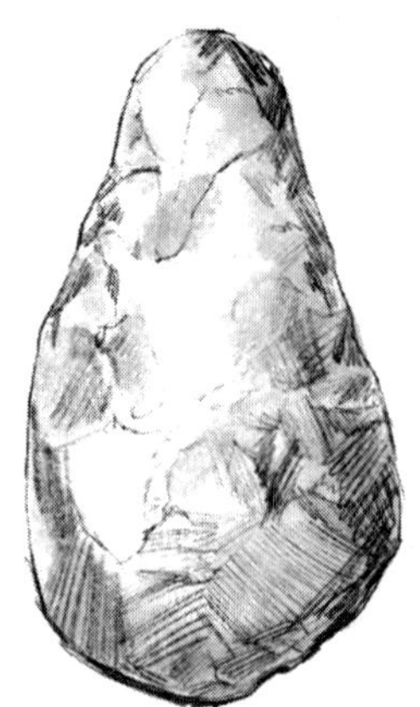

图 1－2　石器时代打制石器

在原始的人机关系中，人们并没有充分认识到制作的工具和自身能力之间的关系，这也导致了人机关系的低效率，甚至会造成对人类自身的伤害。

（二）人体工程学的萌芽阶段——经验人体工程学

工业革命之后，工业技术得到了迅猛发展，人类也制作出了速度更快、力量更强大的机器人，这一阶段，人们开始关注人和机器之间协调与否的问题。直到 19 世纪末 20 世纪初，人们开始用科学的方法研究人与机器之间的关系，人机关系进入了新的阶段，这一阶段，最有影响力的有被称为“科学管理之父”的弗雷德里克·温斯洛·泰勒（Frederick Winslow Taylor）和弗兰克·吉尔布雷斯（Frank Bunker Gilbreth）[①]。

1. 泰勒——最早的科学研究工具匹配问题的学者

泰勒曾在美国伯利恒钢铁公司（Midvale Steel Company）做过一系列科学性的试验，目的是提高使用工具的工作效率。试验过程中泰勒开始对铁块拌匀、铁锹铲掘及金属切割作业进行研究，并以传统管理方法为基石，创造出新的管理方法和理论。泰勒根据其首创的管理方法和理论，成功找到一套提高工人铲煤、铲铁矿石等工作效率的操作方法，该方法考虑了作

① 吕荣丰，姜芹．人体工程学［M］．重庆：重庆大学出版社，2014：3－4.

业环境、工具、机器、材料的标准化问题，可以说是一种基于研究的人机工程分析和研究方法。

2. 吉尔布雷斯——时间动作研究

吉尔布雷斯热衷于时间动作研究（time and motion study），被公认为“动作研究之父”。时间研究就是研究各项作业所需要的合理时间，也可以说是在一定时间内应达到的或者合理的作业量；动作研究是指研究和确定完成一个特定任务的最佳动作的个数及其组合。

他研究过人的技能作业和疲惫问题，并且为伤残人士设计专属工作台。在对手术过程的动作研究中，吉尔布雷斯发现主刀医生寻找手术工具的时间（无效时间）和观察患者的时间一样长，这显然降低了主刀医生的工作效率。因此，他提出了一个有效的解决方案，为每一个主刀医生配备一个辅助医生，减少在寻找工具上的时间，该方法大大提高了医生的工作效率，减轻了工作疲劳，并一直沿用到了今天。

泰勒和吉尔布雷斯的理论和研究对人体工程学的发展起到了重要的推动作用，但二者也都强调“使人适用于机器或者工作”而没有明确提出“机器适用于人的思想”。这一阶段的人体工程学围绕机械进行设计，在人机关系上以选择和培训操作者为主，使人适应机器。

（三）人体工程学的形成阶段——科学人体工程学

第二次世界大战期间，战争推动着军事工业的迅猛发展，这也导致了复杂武器、机器的产生。但是一直以来都是以“人适应机器”为主，在第二次世界大战期间，需要提前选拔和培训人员，适应制作出的新型武器，久而久之，培训跟不上机器的更新换代以及复杂要求，培训出来的人员也很难适应新武器的效能要求，从而由于操作失误使得事故率大幅提升。例如，由于操作复杂、不灵活和不符合生理尺寸会造成战斗机命中率低；由于战斗机座舱及仪表位置设计不当，飞行员误读仪器和误用操纵器会导致意外事故的发生。

事故的屡次发生也让人们意识到“人适应机器”是不够的，科学界开始将目光转向“人的因素”，人们认识到武器装备需要符合使用者的生理、心理特征和能力限度，这样才能发挥武器的高效能，同时降低事故发生率。

随着战争的结束，人体工程学的研究和应用开始从军事领域向非军事领域转变，并且可以直接应用军事领域的研究成果，如在机械设备、飞机、建筑设施、汽车等产品的研制中。这一阶段的人体工程学重点是科学，并且注重“人的因素”，力求使其适用于人。

（四）人体工程学的发展阶段——现代人体工程学

20 世纪 60 年代以后，人体工程学开始进入发展阶段。这一阶段科学技术飞速发展，由于系统论、控制论、信息论的兴起，不仅为人体工程学提供了新的理论和新的试验场所，也为该学科提出了新的要求和新的课题，进而推动人体工程学进入科学系统的研究阶段。

人体工程学在这一阶段的目标不仅是“机器适用于人”，而是在人机相互适应的基础上，更加关注人的健康、安全、效率、价值，以及人的成就感、满意度和舒适感等，也就是说该学科目前将人—机—环境系统作为一个整体来研究，最终创造出最适合人操作的机械设备和工作环境，使人—机—环境系统协调进行，获得系统的最高整合效能。

第二节　人体工程学的研究与应用

人体工程学又被称作人类工程学，主要研究人在某种工作环境中的生理学、解剖学和心理学等方面，其研究对象为人—机器—环境的相互作用，旨在使得人们从事的工作趋向适应人体解剖学、心理学和生理学的各种特征，其研究内容和应用如下。

一、人体工程学的研究

人体工程学的中心是解决人机之间关系的问题，以提高人类工作和活动的效应和效率为目标，保障和提高人类追求的生活水平或者某种价值。下文将从研究内容和研究方法两个方面介绍人体工程学的研究。

（一）研究内容

人体工程学是一门揭示人、机、环境之间相互关系的学科，以不断优化人—机—环境系统总体性能为目标。对于设计师而言，本学科研究的主要内容有以下几个方面。

1. 人的因素研究

人在人—机—环境系统中是最基础的因素，人的能力特征、生理和心理特征是整个系统的优化基础。对人的因素的研究可以从自然人、社会人两方面入手。

（1）自然人研究。自然人是指从人的自然属性来论及的人，研究自然人的内容包括人的感知特性、人体形态特征参数以及人在工作和生活中的心理特性等。

（2）社会人研究。社会人是指从人的社会属性来论及的人，研究社会人的内容包括人文环境、人在生活中的社会行为、价值观念。

研究以上内容的目的是使产品、工作场所、设施、作业、用具等的设计与人的心理特征、生理相适应，从而为使用者创造舒适、高效、健康、安全的工作条件。

2. 机器的因素研究

机器因素的研究范围很广，其研究内容包括机器的特性对人、环境和系统性能的影响，建立机器的动力学、运动学模型，机器的防错纠错设计，机器的可靠性研究等。还包括安全保障、信息显示、操作控制和有关机具的人体舒适性，以及使用方便性等。

3. 环境的因素研究

环境作为一个宽泛的概念，包括室外环境、生活环境、人工环境、生产环境、室内环境、自然环境等。环境可具体分为以下几个方面。

（1）物理环境，如磁场、照明、湿度、噪声、辐射等。

（2）美学环境，如背景音乐、形态、色彩等。

（3）化学环境，如化学性有害、有毒物质等。

（4）作业空间，如安全门、设备布局、场地、道路及交通、厂房、作业线布局等。

4. 人、机、环境间关系及其系统的整体研究

人机关系是系统里的主要研究内容，包括人机界面、信息显示、操纵控制等；环境是人机系统中必不可少的成分，与机相比，环境对人的影响会更明显。因此，必须研究人与环境因素的关系；环境和机器相互作用、相互影响，二者的关系也是必须研究的。

人—机—环境系统设计以创造最优的人机关系、最佳的用户体验、最舒适的工作环境，以及整个系统的安全性和可靠性等为目标。

（二）研究方法

人体工程学是一门具备交叉性、多学科性以及边缘性特点的学科，这也使得其研究方法具有多样性，但最终目的都是为了探讨人、机、环境三要素之间的复杂关系。

为了更好地探讨三要素之间的关系，人体工程学研究的重点通常放在以下方面。对时间和动作的分析研究，测量人在作业前后以及作业过程中的心理状态和各种生理指标的动态变化；运用数字和统计学的方法找出各变数之间的相互关系，以便从中得出正确的结论或发展成有关理论；测量人体各部分静态和动态数据；观察和分析作业过程和工艺流程中存在的问题；调查、询问或直接观察人在作业时的行为和反应特征；进行模型实验或用计算机进行模拟实验；分析差错和意外事故的原因。

常用的人体工程学研究方法包括资料分析法、调查分析法、系统分析法、实测法、实验法、模拟和模型实验法，如图 1－3 所示。

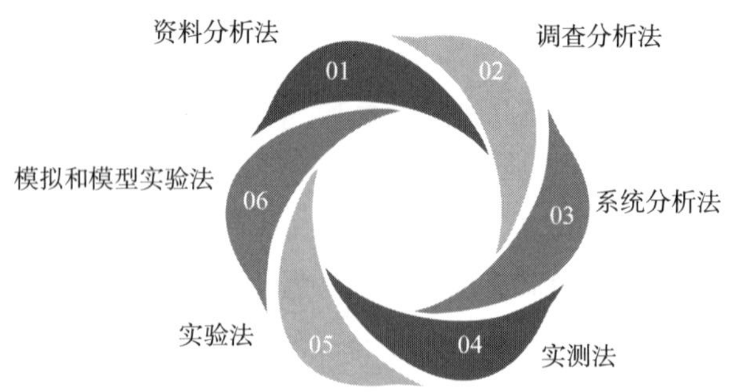

图 1－3　常用的人体工程学研究方法

1. 资料分析法

收集资料是各类研究的基本研究方法，初步了解一项研究都是从资料入手的。在人体工程学研究中，不管是哪一类人机关系，都需要收集丰富的资料，对资料充分熟悉后，再对资料进行整理、加工、分析和综合运用，以此为基础，研究者便可以找到系统的内涵规定。

2. 调查分析法

调查分析法是研究方法中较为普遍的方法，应用较为广泛，适用于心理测量的统计，也适用于带有经验性的问题。

调查分析法包括以下几个类型。

（1）口头询问法。口头询问法是指对被调查人进行谈话，以谈话内容为依据，用来评价被调查人对某一特定环境的反应。谈话时提问内容要求简洁明了、思路清晰、用词准确等。

（2）问卷调查法。问卷调查法需要提前设计好问卷，问卷要求做到突出重点、问题明确、填答方便等，以便被调查人能够准确填答。

（3）跟踪调查法。跟踪调查法也可以被称为跟踪观察法，可以分为直接观察和间接观察，观察并记录在自然环境中被调查者的活动规律和行为表现，以记录内容为依据进行分析。

3. 系统分析法

系统分析法需要以资料分析法为基础进行研究，该方法将人体工程学中人、机、环境三要素作为一个系统来考虑。具体研究内容包括作业方法的分析、信息输入及输出的分析、作业环境的分析、作业负荷的分析、作业空间的分析、作业组织的分析等，其中采取的方法有相关分析法、知觉与运动信息分析法、频率分析法、瞬间操作分析法、动作负荷分析法等。

4. 实测法

实测法需要借助仪器设备进行实际测量得到准确数据，如对人体生理参数的测量或者是对系统参数、作业环境参数的测量，对人体静态与动态参数的测量等。

5. 实验法

实测法受到一定限制时便会采用实验法这一研究方法，实验法是在人为设计的环境测试实验对象的行为或者反应。实验对象可以是真人，也可以用人体模型，如在汽车防撞实验中的实验对象就是人体模型。实验场地一般在实验室进行，也可在作业现场进行。

6. 模拟和模型实验法

机器系统研究一般较为复杂，因此在研究过程中一般会采用模拟的方法，也就是模拟和模型实验法。

模拟过程包括技术和装置的模拟，如操作训练模拟器、机械模型及各种人体模型等。在模拟和模型实验法中对某些操作系统可以进行逼真的试验，会得到满足实验室研究外所需的更符合实际的数据。同时该方法可以减轻试验成本，因为模型或者模拟器一般都要比模拟的真实系统价格便宜，而且可以满足开展符合实际试验的要求，因此被广泛应用。

二、人体工程学的应用

人体工程学和人息息相关，因此只要和人有关的事和物，就会涉及人体工程学的问题。在人体工程学的研究和应用中，人体工程学和其他学科也进行了结合，将应用范围不断扩大。例如，人体测量和工业空间设计、工业设计应用、办公室人机工程与设计等应用设计。

人体工程学的具体应用可以从以下几个典型设计中了解。

（一）人体工程学在工业设计中的应用

工业设计是一个多领域、多学科范围的创造性活动，在设计过程中需要用多种科学技术手段和创造性思维来完成，同时，人的行为特征、生理和心理等人体因素都会影响或者限制设计的主要内容，所以人体工程学已经成为工业设计的基础平台。

1. 工业设计和人体工程学的关系

（1）基本思想和工作内容的一致性。工业设计和人体工程学在基本思想和工作内容上有较多的一致性，具体体现在它们都以人为核心，以人类社会的可持续、健康发展为终极目的。

工业设计的基本理念是满足人们的物质和精神的双重需求；人体工程

学的基本理论是产品设计要适合人的生理和心理因素，重点关注人、机、环境三者之间的关系。人体工程学的理论知识是工业设计的理论依据，可以通过人体工程学了解人与人机之间的关系。如设计者通过对人体工程学的研究，就可以知道在设计手持式工具时应当如何减小静态肌力，以及操作装置和显示装置怎样布局才更适合人的操作等。

（2）工业设计包含的内容更全面、更广泛。工业设计要考虑的问题比人体工程学所包含的内容更全面、更广泛，是因为人体工程学对产品设计有更多的要求，设计出的产品必须满足人的生理和心理要求，使得人能够舒适又有效地控制机器。但作为一个产品最终实现它的价值在于能够被人们选择和购买并投入使用，方便、舒适以及便于操作不是影响人们购买的决定性因素，流行趋势、地位、身份、权威等因素都会影响人们的选择和购买决定。例如，对于有身份地位的人来说，他们更倾向于驾驶豪华汽车来体现自己的身份地位，不管普通汽车的性价比、尺寸、外形等方面设计得多么完美，都无法满足他们的需要。

作为工业设计师，要正确看待人体工程学这一门学科，需要灵活运用人体工程学研究所得出的大量理论数据和调查结果，根据具体情况使用调查出的资料和数据，无论是多详细的数据库也不能完全代替设计师亲身体验的感受以及深入细致的调查分析。因此，工业设计师在遇到设计定位中各种复杂的制约因素时，应当权衡利弊，合理取舍，这样才能进行正确有效的人机分析。

2. 人体工程学在工业设计中的理论基础

（1）人体工程学为工业设计中人的因素提供尺度参数。工业设计的产品都是通过使用者的使用及操作来实现其特定功能的，而工业设计的产品使用者通常是人。因此，工业产品设计需要围绕人的因素来开展。人能否舒适又方便地操作和使用物品，在很大程度上取决于人的生理能力，例如，人的视觉特征、手的握力和活动范围、脚的踏力和用力方向等。在使用工具时，人会受到自身生理条件的限制，这些生理条件都是人自身的基本尺度所限定的。

人体工程学涉及心理学、生物力学、人体测量学、生理学等学科的研究方法，以上方法可以用来研究人体的结构和机能特征，为工业设计提供相关参数，如人体各部分的出力方向、动作速度与频率、活动范围、出力范围、重心变化及动作习惯等人体机能参数；人在各种工作和劳动时的能量消耗、疲劳机制、生理变化，人对各种工作和劳动负荷的适应能力及承受能力；人在工作或劳动中的心理变化对工作效率的影响；人体各部分的体表面积、重心、比重、尺寸重量及人体在活动时的相互关系等人体结构特征参数；人的视、听、触、嗅及肤觉等感受器官的机能特征。这些人的因素尺度参数都能够使物品不断优化，与使用者形成完美的契合。

（2）人体工程学为工业设计中物的功能合理性提供科学依据。工业设计的最终目的是满足人类不断增长的精神和物质需求，为人类创造一个更舒适、合理、健康的生活方式。因此，工业设计要关注人的生活方式和生产方式，这就要具体落实到物品本身的使用功能与人的行为需要和行为方式之间的关系，这也是人体工程学学科的研究内容之一。

在工业设计中，物的运作高效、功能合理也就成了设计师需要考虑的重要因素，设计师需要以人体工程学为基础设计工业产品。例如，在考虑人机界面的功能问题时，需要以人体工程学提供的参数和要求为设计依据，涉及控制器、工作座椅和工作台等部件的形态、色彩、大小及布局等方面。

（3）人体工程学为工业设计中的环境因素提供设计准则。人和机器都是在一定环境下生存、工作或者运转的。环境会影响人的安全、健康、生活等，也会影响人的工作效率，影响机器的性能和正常运行。

人体工程学通过研究人体对外界环境中各种生物的、物理的、化学的、心理的、生理的及社会的因素，对人体的心理、生理及工作效率的影响程度，从而确定人在工作、生产、生活中所处的各种环境的舒适程度和安全限度。从保证人体的舒适、高效、健康和安全出发，人体工程学为工业设计中考虑环境因素提供分析评价方法和设计准则。

（4）人体工程学为工业设计中人—机—环境系统的协调提供理论依据。人—机—环境系统中人、机、环境三个要素之间有着相互依存、相互作用的关系，这一关系决定着系统总体性能的优劣。系统设计必须以明确系统总体要求为前提，具体分析和研究三个要素对系统总体性能的影响，以及系统中各个要素的功能及其相互关系，如机器对人和环境的影响；人和机的职能的分工与配合；环境适应人的方法等。经过不断修正和完善三要素的结构方式，最终实现系统整体效能的最优化。

（5）人体工程学秉承以人为本的设计思想提供工作程序。工业设计制作出产品并不是最终目的，最终目的是制作出的产品满足人的需求，即设计是为人的设计。人是设计的主体，也是设计的服务对象，一切的设计产品，最终都是以服务于人为目的。

工业技术在设计和生产过程中运用科学技术创造人生产生活所需要的物和环境，设计的核心是人，并且目的是为了让人与人、人与物、人与社会、人与环境相互协调。人体工程学和工业设计两个学科有着共同的目标，都在设计中坚持以人为本的思想。

在工业设计中以人为本的思想体现在每个设计阶段，并且人体工程学的原理和研究成果贯穿设计的全过程。

3. 人体工程学在手持式工具设计中的应用

人类进化的标志便是开始使用工具进行生产，工具的出现极大地扩展了人类的生存能力，增加了作业者的动作范围和力度，提高了作业效率。随着人类的进化和发展，工具的样式也逐渐增多，作业者可以根据不同的作业环境和作业要求，选择恰当的工具完成不同的作业任务。

其中较为普遍的作业形式是手工作业，因此手持式工具也就成为作业过程中使用最多的工具。尽管手持式工具可以有效提高工作效能，帮助人完成危险、困难的工作，但是大部分传统手持式工具制作时并未依据人体工程学原则，导致其形态和尺寸都不能满足现代化生产的需要。一旦长时间使用不合理的手持式工具或者设备，不仅降低作业效率，还会损害人体。因此，将人体工程学学科内容融入手持式工具设计中是非常有必要的。

手持式工具是人作为使用者的作业工具，所以必须配合人手的轮廓形状，设计时应当遵循解剖学原则和人体工程学原则。接下来本书便从设计原则以及把手设计应用的角度进行阐述。

（1）手持式工具的设计原则。

①解剖学原则。手持式工具常被使用者用来进行生产系统中的操作、安装和维修等作业，因此，设计时应当符合解剖学的要求，否则将会影响使用者的健康和工作效率。

一是静态肌肉不参与原则。避免静态肌肉施力可以减少静态肌力的产生，在使用工具的时候，抬高胳膊或者将工具手握一段时间，都会使得肩、臂以及手部肌肉处于静态施力状态，持续一段时间后这种静态负荷会导致肌肉疲劳，使肌肉降低持续工作的效能，并且会导致人体肌肉短时间内产生疼痛感。如果长期使用静态肌肉进行工作，严重时会引起腱鞘炎、腕管综合征和肌腱炎等疾病。

根据该原则，要使静态肌肉不参与，减少疲惫和疾病的出现，就必须对工具进行改进，改进方法有以下几种：改进抬高胳膊的动作，应当将工具的工作部分把手设计成弯曲式结构，这样可以使手臂自然下垂；避免前臂肌肉疼痛，可以将工具手柄上设计出凸边或者滚花的样式，以减少使用者所需的握力；减少工具工作时打滑的情况出现，应降低手柄对握紧程度的要求；减轻手或者手指的负担，设计时尽量使用弹簧复位工具。

二是手腕顺直原则。工作时手腕顺直能够保证手腕处于放松状态，一旦偏离其中间位置，处于尺偏、掌曲、背曲等别扭的状态时，腕部肌腱会被过度拉伸，这很容易引起腕部酸痛、握力减小。

根据此条原则，一般的工具在手握处会制作成弯曲结构，这样能够保证操作时手腕处于顺直状态。通常来说，抓握物体和人的手臂呈 70°时，人的手腕是处于自然状态；工具的把手与工作部分弯曲 10°左右效果最佳。如图 1－4 所示，弯曲式的把手设计可以降低劳动强度，舒适感较强。

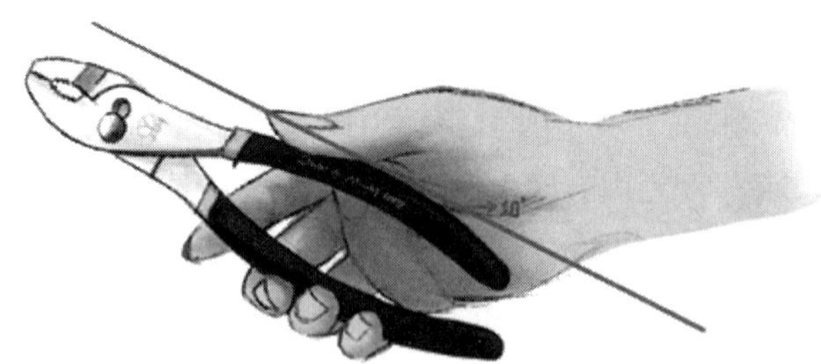

图 1－4 手部抓握工具

三是减少手掌压力原则。使用者在使用手持式工具时，如用力过大，手掌压力敏感区域会因为血液循环受到影响，由此引起局部缺血，进而产生手疼和肿胀的情况，很容易产生麻木、刺痛感等。

一个好的工具在把手的设计上会使得手掌和工具有较大的接触面，这样压力才能分布于较大的手掌面积上，以减小局部压力；或者将压力转移到不太敏感的区域，如拇指和食指之间的虎口位置，或者将手柄长度设计至手掌之外。

四是避免重复动作原则。操作过程中如果是用食指工作，反复操作扳机式控制器时，很容易导致狭窄性腱鞘炎，也叫作扳机指症状，这种症状常在使用触发器式电动工具或者气动工具时出现。

避免食指重复操作动作，可以用拇指或者指压板代替食指进行操作。

②人体工程学原则。设计手持式工具时，需要考虑人机关系才能保证工具的使用效率，以下是必须满足的几项人体工程学原则。

一是工具能够有效且高效地实现特定的功能。

二是工具和操作者的身体成适当比例，操作者在使用时能够发挥最大的工作效率。

三是工具要求按照操作者的作业能力和力度设计。

四是设计工具时应当考虑性别、身体素质和训练程度上的差异。

五是工具使用时的姿势不能引起过度疲劳。

（2）把手设计的应用实例。

手持式工具的把手是非常重要的部分，是操作者工作时接触最多的地方，因此，把手的设计是否合理会直接影响人操作时的工作效能和舒适感。在设计把手时，需要考虑的设计因素有把手的形状、直径、长度和弯角等。

①形状。形状是指把手的截面形状，用力抓握把手时，把手与手掌的接触面积越大，压力就会越小，因此把手设计一般为圆形截面。但把手的形状多种多样，需要根据实际作业性质确定把手的形状，如有些作业性质要求把手和手掌之间不能相对滑动，此时便可以将把手设计成三角形或矩形，这样也增加了工具放置时的稳定性。对于起子、螺丝这两种使用工具来说，把手一般采用丁字形状，这样可以使扭矩增大50%，最佳直径为25毫米，斜丁字形的最佳夹角为60°，这样的设计操作者使用时才可以保持腕部水平，减少压力，提高工作效能①。

---

① 张建雄，李世春．人机工程学［M］．成都：电子科技大学出版社，2019：102.

②直径。把手的直径大小由手的尺寸和工具的用途决定。起子、螺丝这样的工具，大直径才可以获得大扭矩，但也要注意直径的范围要适度，直径太大会减小握力，降低灵活性和工作速度，并且容易造成指端骨弯曲增加，长时间操作则会使得指端疲劳。较为合适的直径是：着力抓握 31 ~ 38 毫米，精密抓握 8 ~ 16 毫米，一般操纵活动采用 22 毫米为宜①。

③长度。长度由手掌的宽度决定，掌宽一般在 71 ~ 97 毫米（5% 的女性和 95% 的男性数据），因此把手较为合适的长度应为 100 ~ 125 毫米②。

④弯角。在前文手腕顺直原则中已经表述，工具和把手之间的弯角呈 10°效果最佳。

手持式工具的历史悠久，但发展极快，现在的手持式工具无论是从结构、功能还是形式上都发生了巨大变化。过去的手持式工具都是人力的，今天的人们已经使用上智能手持式工具，如遥控器、云自由度控制装置、鼠标和数据手套等。

4. 人体工程学在手持式电子产品中的应用

手持式电子产品的设计过程中贯穿着人体工程学的设计内容，要求考虑相关的作业空间、人机界面、作业姿势等多种因素。在设计中还要结合手部的生物力学特征、解剖学特征等，例如，手持式电子产品的抓握位置处必须适合人手的轮廓形状，并且要求设计出的产品本身不能对身体造成过多的负荷，使用者在使用时手腕和臂部都能呈现自然的姿势。

当代手持式电子产品有很多种，如对讲机、相机、手机、鼠标、遥控器等，下文将以鼠标这一手持式电子产品为例，分析人体工程学在其设计中的应用。

鼠标设计涉及人体工程学的学科内容，要求根据不同人设计出适合特定手掌的鼠标。例如，欧美雅利安人与东方蒙古利亚人相比，手掌偏大且平，手指也更长，这就导致两种人不能使用同一种鼠标，需要根据人体工程学学科内容来设计出适用于不同人的鼠标。

依据人体工程学设计鼠标除了考虑不同人的生理本质外，还需要考虑

---

① 丁玉兰．人机工程学［M］．北京：北京理工大学出版社，2017：130.

② 张建雄，李世春．人机工程学［M］．成都：电子科技大学出版社，2019：101.

不同性别、不同年龄段的审美差异性，以及鼠标使用姿势如何满足使用者生理上的需求等。下面将以手部姿势要求为例阐述人体工程学在鼠标设计中的应用。

符合人体工程学的鼠标手部姿势要求如下。

（1）手腕。依据人体手腕结构，通过多次试验证明，手腕呈“仰起”状态时，仰起夹角在15°～30°时是最舒服的状态①。超出这个范围，前臂肌肉就会处于拉紧状态，血液流动也会不顺畅，上臂的三角肌及三头肌会同时受到力牵拉的作用，人的肩关节也会一直处于强直状态，如图1－5所示。

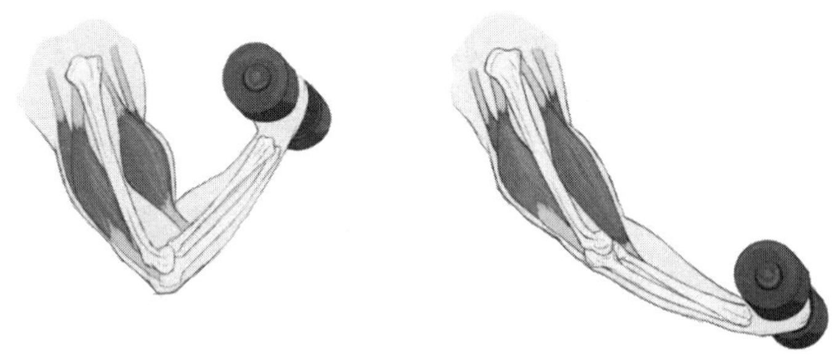

图1－5　不同状态的人体手臂肌肉

（2）手掌。

手掌最放松的自然状态就是半握拳状态，因此鼠标设计为了更适用于人体，一般造型设计都会尽量贴合这个形态，如图1－6所示。具体包括以下两个方面。

第一，避免手掌对鼠标产生握不住的感觉，应当将鼠标外壳贴紧手掌的两个主要肌群，并且鼠标外壳要贴紧手掌中间的那条“沟”，这样会使得鼠标外壳紧贴掌弓又不产生压迫感，手下面是主要动脉和神经的必经之地，一旦受到压迫，时间长了会导致手缺氧。

① 苏安杰，赵新军．基于TRIZ理论的鼠标发展及未来展望［J］．科技创新与品牌，2017（4）：75－78．

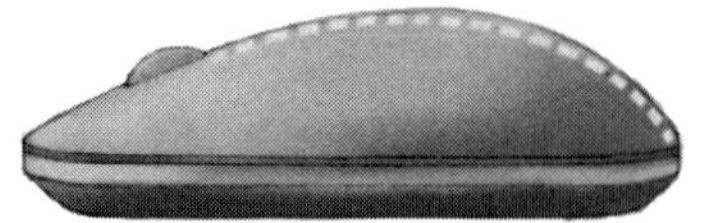

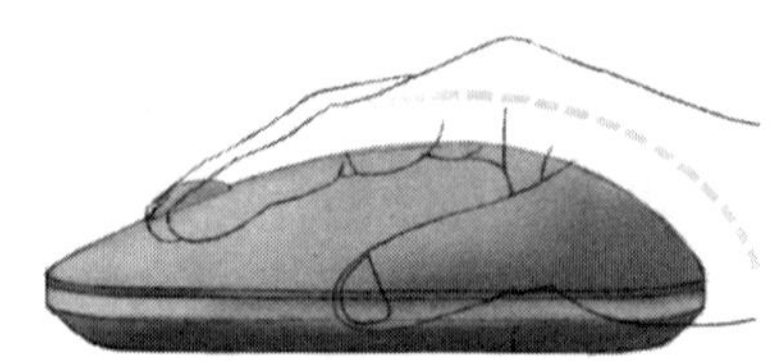

图1－6 手掌使用鼠标状态

第二，鼠标的最高点应该是在手心，避免将最高点设计在手心后的掌浅动脉弓，否则会造成压迫感。动脉一旦受压，时间长了不仅会产生麻木酸疼的感觉，还会使手指缺氧产生疲劳感，长期处于这种状态，手指的灵活度会受到很大的影响。

（3）手指。

五个手指在鼠标上均不悬空，并且呈现150°左右自然伸展的状态。

（二）人体工程学在家具设计中的应用

家具是室内环境的重要构成因素，并且家具是为人而设计的，主要是为了解决人的感觉器官的适应能力，要满足美观、安全、舒适、实用、便利等综合功能。家具与人体接触次数最多并且使用时间最久，因此在家具设计过程中要运用人体工程学内容，使其符合人体心理尺度、人体各部分的活动规律。

1. 家具设计应用的人体工程学知识

（1）人体的基本知识。家具是为人设计的，因此家具设计首先要明确家具和人体的关系，其次要了解人体活动的主要组织系统及人体的构造。人体的各个系统就像是一台机器相互配合、相互制约、共同维持着人的生命和完成人体的活动，和家具设计相关的系统是人体的神经系统、肌肉系统、感觉系统和骨骼系统。

（2）人体尺度。家具设计中最重要的便是人体尺度，如伸手后最大的活动范围、睡姿状态下的人体宽度和尺度、人体站立的基本高度、坐姿状态下腿的高度和上腿的长度及上身的活动范围。在设计家具前，必须了解人体相关部位固有的基本尺度。

一般来说，人体尺度可以从家具人体工程学的书中查到具体的设计参数，但是这些数据并不能直接决定一个家具设计，还需要结合人的生理学以及心理学的依据，并且深入调查人在使用家具时可能产生的问题，在设计时避免这些问题的出现，最终设计出真正“以人为本”的家具。例如，在设计工作椅的人体参数的时候，除了必要的人体尺度外，还需要调查适用人群及人的坐姿、使用场合、使用方式、肌肉和脊椎的分布与坐姿的关系，以及使用时常见的各种问题，综合以上各方面，最终设计出符合使用者需求的东西。

(3) 人体基本动作。人体的动作形态十分复杂，不管是行走、坐、卧、蹲、跳、旋转等都显示出不同形态所具有的不同尺度和不同的空间需求，如图 1－7 所示。

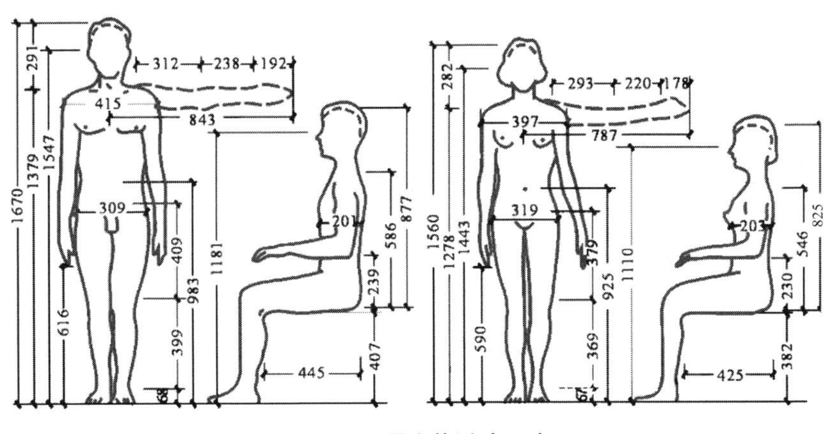

图 1－7 男女体活动尺寸

根据人体的动作形态来设计家具，能够达到调整人的体力损耗，减少肌肉疲劳，提高工作效率的作用，前提是一定要合理的依据人体一定姿态下的肌肉和骨骼结构来设计家具。这就需要家具设计师非常透彻地研究人体动作。常见的和家具设计有关的人体动作是坐、立、卧。

2. 人体工程学在座椅设计中的应用

(1) 座椅设计中的人体工程学原理。座椅设计需要考虑人体的坐姿，因为坐姿是人体相对自然的姿势。如图 1－8 所示，坐姿可以减轻人站立状态下膝部、足踝、脊椎和臀部等关节部位受到的静肌力作用，同时还能减少人体能耗，消除疲劳；坐姿还有利于血液循环，使得肌肉组织松弛，腿部血管内血流静压降低，血液流回心脏阻力也就减小；坐姿还有利于保持身体的稳定，这对于精细工作来说十分重要，尤其是在用脚操作的场合，坐姿能够保持工作状态稳定，这也是为什么坐姿是最普遍采用的工作姿势。

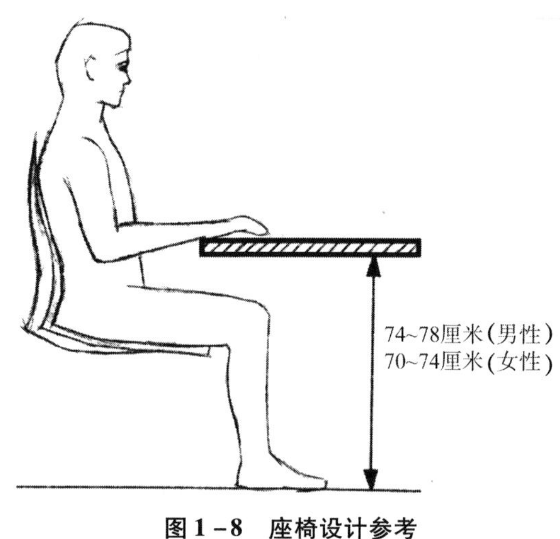

图 1－8　座椅设计参考

但是，坐姿限制了人体的活动，在人需要用手、手臂用力或者做旋转动作的时候，坐姿的缺点就会显露出来。长期保持坐姿状态也会影响人的身体健康，如会引起脊柱不正常的弯曲、腹部肌肉组织松弛，以及损害某些体内器官的功能等。

①坐姿生理学。在坐姿状态下，支持人体的主要结构是脊柱、骨盆、腿和脚等。脊柱位于人体背部中线处，由 33 块短圆柱状椎骨组成，包括 7 块颈椎、12 块胸椎、5 块腰椎和下方的 5 块骶骨及 4 块尾骨，相互间由肌腱和软骨连接。腰椎、骶骨和椎间盘及软组织承受坐姿时上身大部分负荷，还要实现弯腰扭转等动作。

正常的姿势下，顶端颈椎部位曲线向前弯称为前凸，接于其下的胸椎部位曲线向后弯称为后凹，腰椎部分又向前凸，而至骶骨时则后凹。在良好的坐姿状态下，压力适当地分布于各椎间盘上，肌肉组织上承受均匀的静负荷。当处于非自然姿势时，椎间盘内压力分布不正常，则产生腰背酸痛、疲劳等不适感。

②坐姿行为分析。人在椅子上的姿势并不是一直不变的，不同的动作都会带来不同的姿势，人们往往会调整坐姿来消除脊柱部位不正常的压力，即为坐姿行为。但在座椅上脊柱并不是唯一的重要结构，骨盆和腿同样重要，这两部分有着稳定人体功能的作用。

坐姿下的骨盆是一个不稳定的倒立三角形，和座面接触的两个坐骨结节肌肉很少。人体 75% 的体重由这 25 平方厘米的坐骨结节和位于其下的肌肉来支撑，因此很容易产生压力和疲劳。

坐垫上的两点承载了人体的大部分重力，这在力学上很不稳定，但是直立坐姿会使得人体中心偏离了坐骨结节的垂线，不稳定程度会大大增加，只有腿和足提供杠杆作用才能使得系统保持稳定。

（2）座椅设计中的人体工程学应用原则。座椅设计得当可以让使用者节省时间和劳力、减少疲劳并提高工作效率，其运用的人体工程学原则有如下几种。

①座椅的类型、形式和尺度与坐的动机和目的相关。

②座椅能够保证脊柱呈现健康自然的曲率。

③身体重量能均匀分布于座面之上，为骨盆（坐骨结节）提供有效支撑。

④座椅设计能有效减轻腿窝肌肉的压力。

⑤座椅的尺寸应适当，位置和高度可调整，操作人员可以灵活控制；在不影响个别动作的前提下，设计合适的扶手和脚踏座。

（3）常用座椅的人体工程学分析。根据不同的用途可以将室内常用座椅分为休息用椅、工作用椅以及多功能用椅，下面是常用座椅的人体工程学分析。

①休息用椅。休息用椅是指提供给人放松和休息的座椅，功能要求都是使人体得到最大的舒适，消除身体的紧张和疲劳。根据人体工程学的相关知识，休息用椅的设计应当遵守以下几点。

一是休息用椅应当将座面向后倾斜一个角度，范围在 5°～23°度，这样能够防止人体臀部前滑。座面倾角越大，人体获得的休息程度就越高。

二是休息用椅的靠背倾角需要在110°～130°度范围内。

三是人体在休息座椅上需要贴紧靠背，因此靠背应该为人体腰部提供支撑，并且符合人体脊柱自然弯曲的曲线，以达到降低脊柱紧张压力的作用。

②工作用椅。工作用椅是指各类工作场合的座椅，工作用椅在设计时需要考虑方便性、稳定性和舒适性三个方面。我国依据人体工程学对工作座椅设计设定了标准，在国家标准（GB/T 14774－1993）《工作座椅一般人类工效学要求》中规定的要求有以下几点①。

一是工作座椅首先需要满足工作坐姿的需求，其次要尽可能满足工作的各种操作活动，使得操作者在工作过程中保持身体的稳定和舒适，以便进行准确的操作和控制。

二是工作座椅的部分位置应当是可调节的，并且调节后的位置必须能够保持稳定不松动。如座高要求必须是可以调节的，按照（GB/T 10000－2023）《中国成年人人体尺寸》中“小腿加足高”的数据，座高的调节范围为360～480毫米；椅面坐高的调节方式可以使无级调节或者间隔20毫米为一档的有级调节。

三是工作座椅外露的零件部分不能存在尖角锐边，其他零件结构不能够存在可能造成挤压、剪钳伤人的部位。

四是使用者在工作座椅上时不管是坐在前部、中部还是向后靠，都应该保证工作用椅座面和腰靠结构均能使人感到舒适、安全。腰背结构要求有一定的弹性和刚性，座椅固定不动的时候，腰靠承受250牛的水平方向作用力时，腰靠倾角β不得超过115°；工作椅座面在设计时可以分为在水平面绕座椅转动轴回转或者不回转。

五是工作座椅的结构和装饰材料要求无毒无害、耐用、阻燃；扶手、座垫、腰靠的覆盖层要求使用透气性好、柔软、吸汗、防滑的不导电材料制造。

表1－1是我国国家标准（GB/T 14774－1993）《工作座椅一般人类工效学要求》中关于工作座椅的主要参数。

---

① 夏安文，程学四，陆阳．室内人体工程学［M］．镇江：江苏大学出版社，2019：119.

表 1-1　　工作座椅的主要参数

参数	数值
座高	360~480 毫米
座宽	370~420 毫米，推荐值 400 毫米
座深	360~390 毫米，推荐值 380 毫米
腰靠长	320~340 毫米，推荐值 330 毫米
腰靠宽	200~300 毫米，推荐值 250 毫米
腰靠厚	35~50 毫米，推荐值 40 毫米
腰靠高	165~210 毫米
腰靠圆弧半径	400~700 毫米，推荐值 550 毫米
座面镜角	0°~5°，推荐值 3°~4°
腰靠倾角	95°~115°，推荐值 110°

③多功能用椅。多功能用椅以功能性为设计重点，一般和桌子配合使用，休息和工作可以兼用，也可以是折叠存放起来的备用椅子。近年来，椅子设计偏向多功能已经是一种流行趋势。

3. 人体工程学在卧具设计中的应用

卧具是直接与身体接触的，会影响人的睡眠质量。睡眠是人的一种生理调节机制，通过睡眠可以消除白天的疲劳，恢复体力和脑力，从而有更充沛的精力去活动。人的一生有 1/3 的时间是在床上度过的[①]，因此，床作为人体直接接触的睡眠家具，其设计尤为重要。床的设计除了要考虑尺寸问题，还有人体卧姿对睡眠的影响。

（1）睡眠姿势。至今什么睡眠姿势是最好的，还没有一个明确的回答。但从人体工程学来看，侧身睡保持躯体稍微弯曲，手足自然弯曲的姿势，能够减少肌肉紧张程度。然而人一整晚翻身动作会达到 20~30 次，因此在制作卧具时不能以某一睡姿为标准进行设计。

（2）在人体工程学指导下卧具的构造。

床的尺寸。其他家具一般是以人的外轮廓尺寸为主，但是床的尺寸设

① 明钦．床的发展历史和现代功能［J］．中外轻工科技，2000（3）：2.

计需要考虑人在睡眠时的活动空间大于身体本身，还需要考虑人在非睡眠状态时，人体活动的自由与便利性。

床的尺寸一般包括床的长度、宽度和高度。床的宽度会直接影响人睡眠时的翻身活动；床的高度是指床面和地面之间的垂直高度，一般情况下，床的高度略高于使用者的膝盖，不仅便于上下床，还便于坐和卧。

1997 年我国发布了有关家具尺寸的国家标准（GB/T 3328 - 1997）《家具　床类主要尺寸》，表 1 - 2 和表 1 - 3 分别为单层床、双层床的尺寸标准，可供参考和分析①。

表 1 - 2　　单层床的尺寸标准　　单位：毫米

<table>
<tr><th colspan="2">床面长</th><th colspan="2" rowspan="2">床面宽</th><th colspan="2">床面高</th></tr>
<tr><th>双床屏</th><th>单床屏</th><th>放置床垫</th><th>不放置床垫</th></tr>
<tr><td rowspan="9">1920
1970
2020
2120</td><td rowspan="9">1900
1950
2000
2100</td><td rowspan="6">单人床</td><td>720</td><td rowspan="9">240 ~ 280</td><td rowspan="9">400 ~ 440</td></tr>
<tr><td>800</td></tr>
<tr><td>900</td></tr>
<tr><td>1000</td></tr>
<tr><td>1100</td></tr>
<tr><td>1200</td></tr>
<tr><td rowspan="3">双人床</td><td>1350</td></tr>
<tr><td>1500</td></tr>
<tr><td>1800</td></tr>
</table>

表 1 - 3　　双层床的尺寸标准　　单位：毫米

床面长	床面宽	底床面高		层间净高		安全栏板缺口长度	安全栏板高度	
		放置床垫	不放置床垫	放置床垫	不放置床垫		放置床垫	不放置床垫
1920 1970 2020	720 800 900 1000	240 ~ 280	400 ~ 440	≥1150	≥980	500 ~ 600	≥380	≥200

① 曾志浩，邱悦，鲍雯婷．室内设计与人体工程学［M］．石家庄：河北美术出版社，2018：141.

第三节　服装人体工程学的概念与发展

服装人体工程学是研究人体特征、服装与人体相互关系的一门分支学科，其主要研究对象是人—服装—环境的系统，旨在使得设计的服装最大限度地适应人体的需求，达到舒适卫生的状态。

一、服装人体工程学的概念

服装的历史悠久，从原始时期便诞生了服装，尽管在当时还只是动、植物材料的简单遮体，但随着时代的变迁，如今已经演变成高科技的温控变色衣、呼吸型风雨衣、保洁卫生服等。服装发展到今天，都是人们为了让服装更好地为人类服务，使人们能够更精心地包装自己，从人的需求出发，使衣服适应人。随着时代的发展，受到人体工程学的影响，服装人体工程学也被引发出来，它追求的是“人—服装—环境”系统的和谐与统一。下文将从各个方面具体介绍服装人体工程学。

（一）服装人体工程学的定义

服装人体工程学是人体工程学的分支，它的研究对象是“人—服装—环境”系统，从适合人体的各种要求的角度出发，对服装设计与制作提出要求，以数量化情报形式为创造者服务，使设计最大限度地适合人体的需要，达到舒适卫生的最佳状态。服装人体工程学是一门以人为主体、服装为媒介、环境为条件的系统工程学科，研究服装、环境等与人相关的诸多问题，使它们能够和谐匹配、默契同步。它涉及人体心理学、人体解剖学、环境卫生学、服装材料学、人体测量学、服装设计学等学科，是一门综合性的学科。

（二）服装人体工程学与服装设计的关系

服装设计在早期阶段一般从服装外观形式和社会传统形式的角度考

虑，人的因素不作为考虑要素，并且没有专门的工效设计阶段，显而易见设计出的服装不会适合人穿用，最终造成浪费。

当今的服装设计已经是人们最熟悉的设计门类之一，发展到现在已经成为把时尚与理性、现代与传统赋予服装与人更多想象空间的设计。一般的服装设计包括：初步设计或概略设计阶段（市场调查与总体框架设计）、造型与款式设计阶段（解决外观造型的美观设计问题）、原理设计阶段（解决服装基本的功能问题）、人体工程学设计阶段（解决服装与人、环境关系的一些问题）、结构设计阶段（解决服装形状与结构、尺寸和工艺问题）、最终设计阶段（包括纸样设计和样衣试制问题）。通过这六个阶段可以看出，服装设计本身就是一个人体工程系统设计的过程，能够将服装各构成要素有目的地结合，并且将感觉要素有效地融入其中，环境是条件，人是焦点，服装是手段。这六个阶段环环相扣，尽管不是所有的服装设计都会按照以上流程进行，但其中的人体工程学是所有服装设计必不可少的。

服装人体工程学可以有效防止服装设计中一些由于主观偏见、考虑不周引起的失误，设计是需要以人的穿着目的为前提，从人的因素和服装组成要素出发，结合当前时代人的观念，设计出个性、舒适、安全、美观、健康的服装。

服装人体工程学践行“人—服装—环境”系统的和谐统一，是符合科学化、人性化理念的直接表现，也是服装设计师在服装上追求将艺术和科学有机融合的关键和契合点。设计的过程一般是，先对现实生活环境进行观察后做出相应的思考，并计划过程步骤，然后再运用技术并完成服装制作，可以总结为观察—思考—计划—实施。

二、服装人体工程学的发展

服装的历史可以追溯到原始时期，但是服装人体工程学的历史并不久远，下文将从世界和我国两个视角阐述服装人体工程学的发展。

（一）服装人体工程学的前期发展

受西方人体工程学的影响，服装人体工程学也应运而生，并成为人体工程学的分支，其中服装是人体工程学的载体以及学科理论与实践的媒介。服装人体工程学的学科历史并不久远，服装人体工程学的前期发展可以从追求人与服装工效关系匹配的例证了解。

1. 纤维材料方面

纤维材料至今已经成为服装材料中用量最多的基本原料。1921 年问世的“人造丝”及 1938 年“尼龙”的诞生，为现在的大型合成纤维工业奠定了基础，也大大降低了服装成本。合成纤维材料大部分都是高分子材料，许多合成材料都被运用到宇宙科技领域，如太空服装。

2. 裁制方法方面

西洋女装利用“人台”，这是一种胸模，在西方被称为“Model Form”，有软硬之分。“人台”是在人体统计学和测量学的基础上创造而来的，具有人体形状标准化特性，设计师可以直接在“人台”上进行立体裁剪和试装，省工省力，从而可以使服装的效能和尺寸的准确性获得提高。

3. 服装扣合材料方面

拉链是由瑞典人杰德伦·松贝克在 1913 年发明的，一开始只运用在靴子和钱袋的扣合，1917 年配有拉链的飞行服成功投入使用，经过几十年的发展和完善，现在的拉链形式和风格不再单一，可以根据布料的厚款和薄款以及款式的风格安装各种类别的拉链，如夹克适用于“开尾型”拉链，口袋适用于“封尾型”拉链，薄型裙装适用于“隐形式”拉链。除此之外，在材质上设计师也开始注意与人体相适应，树脂类用于质地薄的夏装，金属类用于质地厚的外套等。

服装与人们的生活息息相关，可以说是与人关系最紧密的生活介质之一，服装人体工程学研究人体与环境要求下服装的基础理论知识、人体工程学的具体应用，其中，重点应用研究是工程学在服装结构功能设计领域与服装空间造型设计领域。其实，早在 1891 年美国芝加哥工业设计展中便提出了“让技术设计去适应人”的先进观点，但是受到工业革命的影响，产品的成批性、集约化、模式化使人们逐渐失去自我，共性成分抑制了个性化的要求，尤其是服装产品。成衣的概念逐渐普及，服装产业开始降低成本、追求批量，这极大地扼杀了人的个性价值和人性化需求，服装本身应当具备的人体工效内容则被忽视，服装科学更是遭遇了不应有的冷落与偏废。直到近年来，人们能动地、自觉地将“服装适应人”这一目标并入科学系统的研究范畴，在西方人体工程学的普及和影响下，服装人体工程学的课题进入大众视野，并逐渐成为一门独立的学科。

（二）我国服装人体工程学的发展

20 世纪 70 年代，人们开始注重衣、食、住、行、体育、工作、文化娱乐、学习等设施运用的合理化和科学化，这也为服装人体工程学的引入创造了条件。70 年代后期，总后勤部军需装备研究所设计研制了中国第一代暖体假人。20 世纪 80 年代后，伴随着更加成熟的客观条件，服装设计师和服装创造群体开始有意识地关注这一学科，并开始努力将学科内容融入到设计中，在这一时期变温暖体假人被成功研制。

随着学科的不断研究和发展，我国不少高等院校也逐渐开设服装结构设计方面的专业课程，设立服装人体工程学的探究方向，建立相关实验室，研制各种测试设备。21 世纪，人们开始将注意力从视觉感受上分出一部分在舒适性上，因此，出现了“买衣难”和“卖衣难”的情况，这就需要我国的服装设计应当朝着新的视角发展，在新的思维方式和新的行为规范上进行深度有效的探索。

1. 我国当前服装人体工程学的研究

目前，我国服装人体工程学的研究方向有特种功能服装的研发、服装人体工程学研究用的特殊装备和测试仪器的研究、服装的功能与舒适性研究、可穿戴智能服装的研发、军需个人用携行具的研发，以及个人健康监测服、暖体假人、单兵作战装备等方面的研发。

2. 我国服装设计的发展前景

服装人体工程学在我国的发展历史并不久，属于新兴学科，还有很大的进步空间。

服装设计师近年来对人体工程学的研究还缺乏系统、科学、理性的指导，大部分设计师侧重于平面设计及美学意义的展示式表现。未来服装设计师应当重视服装创造中的“服装—人—环境”系统的和谐与统一，这样才能创造出真正美观又舒适的服装。

第四节 服装人体工程学的研究范畴及应用

服装人体工程学主要是围绕人的因素展开，在服装设计中应用人体工程学为核心，旨在从人体构造系统出发，探究服装设计的方法和理论，其研究范畴和应用范围如下。

一、服装人体工程学的研究范畴

了解服装人体工程学的研究范畴可以从研究方法、研究内容、研究原则及研究成果入手，接下来本章节就从这四个方面对服装人体工程学进行简单阐述。

（一）服装人体工程学研究方法

研究服装人体工程学，首先需要有客观科学的态度，按照服装与人、环境的关系，真实全面地反映固有的内在规律性。如男女性别体型差异、体表与造型、肢体运动范围、人体各部位形态、体温与季节、体温与环境等，需要把握客观量化的数据，把握系统关系、功能、情报、数据、参数，通过实践来验证。人、服装、环境构成着装系统的三大要素，设计不能是这些要素的简单相加，而是各要素之间应互相制约与相互协调。

在人体工程学的研究方式中，总是会首先考虑限度和范围，就像服装设计，人永远都是服装最小的界限，在年龄上，考虑的是最弱群体，如幼儿、老年人。心理学家西格蒙德·弗洛伊德（Sigmund Freud）在研究潜意识时，把精神病人作为他的研究样本，因为在这样的样本中，人的精神世界最为脆弱、最不设防、也更容易被观察、被分析。那些处于恶劣危险环境下的人、那些最容易被伤害的人，以及存在着潜在危险的人群，是服装人体工程学研究的主要对象之一。作为服装设计人体工程学，典型的人也是研究的主要内容，代表绝大多数人的习惯、生理特征、身体构造、运动规律，是设计服装的主要依据。服装设计人体工程学的研究方法主要有以下几种。

1. 人体测量

人体测量是为了提供人体生理特征和心理特征的数据，以便进行科学的定性和定量分析，人体基础数据有人体尺度、人体构造及人体的动作域等。人体测量主要包括以下几个方面，如图 1 -9 所示。

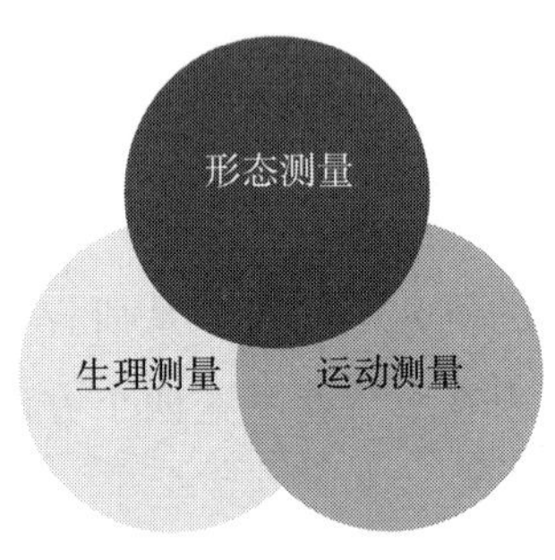

图 1 -9　人体测量的方面

（1）形态测量（morphological measurement）。长度尺寸、体形（胖瘦）、体积、体表面积等。

（2）运动测量（kinesiological measurement）。测定关节的活动范围和肢体的活动空间，如动作范围、动作过程、形体变化、皮肤变化等。

（3）生理测量（physicological measurement）。测定生理现象，如触觉测定、压力测定等。

2. 实验法

实验法是通过主动变革、控制研究对象来发现与确认事物间的因果联系的一种科研方法，其主要特点有以下三个方面。

（1）主动变革性。观察与调查都是在不干预研究对象的前提下去认识研究对象，发现其中的问题。而实验却要求主动操纵实验条件，人为地改变对象的存在方式、变化过程，使它服从于科学认识的需要。

（2）控制性。科学实验要求根据研究的需要，借助各种技术方法，减少或消除各种可能影响科学的无关因素的干扰，在简化、纯化的状态下认识研究对象。

（3）因果性。实验是发现、确认事物之间因果联系的有效工具和必要途径。服装的实验法有鉴定、测试、实验，做出因果推论，使实验结果为设计服务。例如，服装防风试验，穿着不同的服装置身于人工控制的风力实验室，通过多次实验，记录款式、材料、穿着方式等数据，最终形成对防风服装的设计要求。

3. 观察法

服装人体工程学的观察法是以自然观察法为主，由研究者直接观察记录自然情境中的服装现象，即以自然的直接观察而积累经验，并善于运用这种经验与资料，从而分析服装对象之间关系的一种方法。

客观现实中，人们无时无刻不在显现一定的服装行为、形象及精神状态，一旦对它们进行有目的、有计划的观察，并在记录、归纳、界定后分析解释，就会获得服装行为变化的原则。直接观察需遵循以下原则。

（1）事先界定观察的行为内容，并制好一些具体事实记录的表格。

（2）观察记录时，除观看、记笔记之外，可以利用速写、照相机、摄像机等辅助手段获得更多的客观资料。

（3）对观察内容、观察时间、观察方法等问题有周密安排，除“知其然”还应力争“知其所以然”。

4. 列举法

（1）缺点列举法。针对服装的缺点想方设法加以改进，从而达到创新的一种方法。如有些服装是不是不够透气；怎样使服装能够更透气等。

（2）希望点列举法。把各种各样的希望、联想、梦想都列举出来，这是一种主动寻找创造目标的方法，事先设计出很多提问要点，并通过对这些要点的回答逐一探讨，可以全面地考虑各种解决问题的方法。

（二）服装人体工程学的研究内容

服装人体工程学的研究内容主要是人、服装和环境三者之间的关系，其研究内容包括以下几个方面，如图 1－10 所示。

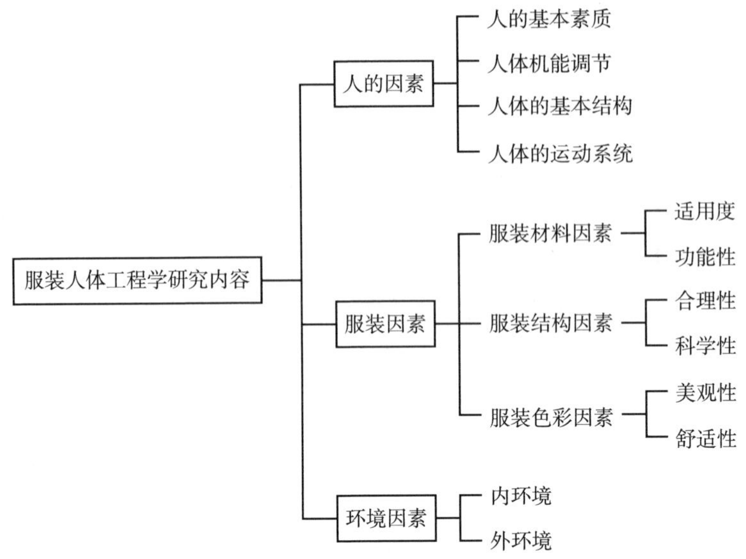

图 1－10 服装人体工程学的研究内容

1. 人的因素

人的因素也可以说是对人类身体特征的研究，包括一些尺寸测量、生理指标的测量、心理测量等，具体涉及人的基本素质、人体机能调节、人体的基本结构及人体的运动系统等。

2. 服装因素

（1）服装材料因素。

①适用度。服装材料的首要选择是合适，如冬季大衣的材料选择应当是耐磨、防风保暖；内衣材料选择透气性好、柔软、吸湿性好的；夏季运动服的材料选择吸汗性好、透气性好的。材料选择合适能更好地达到服装人体工程学舒适、健康的设计目标，为完成人在服装材料上主观感受的舒适度。近年来，一些新型服装材料也被开发出来，如冬季可令人感受到温暖柔软的材料；夏季能令人感受到凉爽的材料等。

②功能性。服装人体工程学最早是从防护服、军服的研究开始的。随着服装人体工程学的发展，日常服装也开始具备一定的功能性，如风衣材料应当具备防风功能，其中，一些功能性服装应当具备特定的功能，例如，防辐射服装材料应当具备防辐射功能；雨衣材料应具备防水功能；抗

静电服材料应具备抗静电功能等。近年来，功能性运动服装成了关注热点，如奥运会上运动员的柔道服、排球服、网球服和乒乓球服等，都有适应各自运动的特定功能要求。

（2）服装结构因素。服装结构设计要求达到舒适方便、合体合理的目标。要求服装各部位的松量在符合人体动态特点和人体静态尺寸的基础上确定。细节设计如口袋、衣袖、拉链、衣领、裤子裆部等都应基于人体的形态特点、动作特点、尺寸等进行科学的设计。

总体来说，服装结构设计要求其具有合理性和科学性，是指服装的结构必须满足人体的生理特点，适合人体形态结构，进而满足人体生活、工作和运动的需求。

（3）服装色彩因素。服装的色彩和图案对人的心理有重要影响，因此色彩被列为服装的三要素之一。

新颖的色彩、和谐的色彩搭配、精巧的图案设计都能使人耳目一新、赏心悦目，从而达到心理舒适的效果。日本学者提出并在日本国内迅速发展的感性工学技术广泛应用于服装色彩和图案的感性设计，也是服装人体工程学研究的一个方面。

总的来说，服装色彩设计要求具有美观性和舒适性。前者是指服装整体色彩搭配合理，具有美观性，可以满足人们的审美要求；后者是指服装整体色彩可以带给人舒适的感觉，让人充满热情和活力。

3. 环境因素

环境因素包括内环境和外环境两个方面。内环境是指人体与服装之间的环境，通常称为服装气候；外环境是指着装人体的服装之外的环境，即周围的空气环境。无论是内环境还是外环境，它们的温度、湿度、气流、辐射都影响到着装的舒适效果。例如，夏季的新疆吐鲁番，炎热干燥，温度高湿度低，太阳辐射强，适合穿着轻薄、覆盖率高的服装，根据此要求选择相应的服装材料和结构设计才能比较科学地设计出相对舒适的服装。

环境因素的研究内容还包括着装的时间、季节、场合，怎样搭配会给人以和谐、清新、丰富、条理而不是生硬、杂乱、破碎等感觉，使服装在造型上美观、弥补人体缺陷。

人与服装发生影响的外部环境条件，它既包括热、冷、晴、雨、空气、压力、辐射、空间等各种物理环境因素，也包括团体、人与人关系、工作制度、社会舆论等各种社会环境因素。例如，人们在工作场所要使服装适应机器环境，设计服装便于活动，能够避免机器对人体造成的潜在伤害，保护人体。

（三）服装人体工程学的研究原则

客观性原则指服装设计师在从事设计活动时，必须坚持按服装与人、环境的界面关系去反映、协调它所固有的内在规律性。客观是按一定的原则与程序存在的，服装设计师有意识地强化这个要求，能在设计行为的更大时空范围内发挥作用。

客观地进行服装与人体、环境的研究。第一，需忠实地反映服装人体工程系统所涉及的各种因素的实际绩效，也包括对人体各种身心指标进行全面而具体的测试。在对人体形态的研究方面，不仅应了解男女性别体型差异，还应掌握体表与造型、体温与季节、体温与环境、肢体运动范围、人体各部位形态等客观的、量化的数据。例如，服装的腋下部分不能过于厚重，因为手臂在下垂状态下应靠近躯干，否则手臂休息时还呈外撑状态会增添身体的不适与劳累感。第二，注意客观条件变化而不断完善和深化。例如，人的身高、体型由于营养、医疗保健与自身的关注程度等综合因素，每隔数年在普查中会有新的变化。第三，科学技术的发展、新型服装材料的开发和运用，是服装设计师应关注的客观现实环境。以往很多服装设计师偏重服装形式美的表达，按个人主观愿望与理想去解释服装行为，时常使作品、成衣陷入孤芳自赏或不被理解的境地。第四，新消费观念及不断变化的市场环境的客观把握。能否把握服装市场，关系到服装企业的生存与发展。把握市场最重要的就是把握消费者，通过客观地观察人们的服装消费生活，提高对服装市场的分析能力，从而正确把握服装市场。

（四）我国服装人体工程学的相关研究成果

中华人民共和国成立以来特别是近20年来，我国服装人体工程学科学工作者积极开展研究工作，为国民经济发展提供技术保障。

1. 服装规格标准的制定

我国第一次全国规模的人体测量工作是在1986～1987年中国标准化研究院在全国16个省市采用直尺、马丁测量仪等手工测量技术，对22000多名成年人（18～60岁）进行了人体测量采集，包括身高、腰围、臀围、足长、体重、握力等73项工效学基础数据，在此基础上发布了我国成年人人体尺寸的系列国家标准，提供了我国成年人人体尺寸的基础数值。该标准已经成为服装、家具、汽车等许多行业领域的基础技术标准。

人体尺寸数据具有较强的时效性，一般每10年就需修订一次。而我国现有成年人人体尺寸数据采集于1986年，伴随经济的发展，我国人民生活水平有了质的飞跃，身体体型发生了巨大变化，现有的成年人人体数据已无法准确反映当前我国国民的身体状况。2009年中国标准化研究院曾采集3000份中国成年人二维人体尺寸，发现中国人，尤其是35岁以上人群明显变胖，成年男子身高每增加2厘米、腰围增加5厘米。依据1986年采集的中国人体尺寸数据设计的服装，显然不能很好地适合现代人体型，这就是为什么有些身高175厘米的男士购买180厘米的衣服似乎更合身一些，因为有的服装尺码标准参考的还是20多年前的人体尺寸数据。目前，国家正组织专家开展第三次全国性人体计测，以便为服装号型的修订提供基础。相信随着全国性人体计测工作的进行，可以设计出更加科学合理、符合人体生理结构的服装规格标准，使得设计者对人体结构有着更为精确的了解，按照一定的标准设计出不同规格的服装。

2. 中国女性体型的研究

相关科学研究所合作进行中国女性人体科学研究，研究工作共分两个阶段。

第一阶段测量分析华东地区的上海、江苏、浙江、江西、安徽五省份的18～49岁的女性体型，测体方法为以马丁测量仪为主，辅以特别的人体角度仪等设备，共测量人体长度、围度、角度等62个部位。数据经过美国SPSS软件系统处理，作出离散图、回归图，得到的结论即华东女性体型在我国服装型号中处于标准范围，与日本同龄女性体型进行比较，得到的结论即中国女性体型较圆，侧部轮廓的胸、腰、臀曲率较日本女性小，胸围尺寸较日本女性略小。

第二阶段测量分析华北地区和华南地区18～29岁女性体型。其中华北地区包括北京、天津、内蒙古、山西、河北、山东等省份，华南地区包括广东、广西、福建、海南等省份，研究目的是将这两大地区的女性体型与华东地区的同年龄段女性体型进行比较分析。测试方法、用具和部位都与第一阶段相同。得到华东、华北、华南地区女性的体型在身高、腰围、臀围上都有一定的差异，表明地理纬度差异、饮食习俗差异对人体体型有相当影响的结论，如表1－4所示。

表1－4　　不同体型示例

	相关因素	体型名称
全身体型	身高、体重、胸围、臀围、肩宽等	高大　普通　矮小
	身高、体重、胸围、臀围、肩宽、躯干各部位的厚度	厚体　普通　扁平体

3. 服装穿着舒适性研究

现代服装的穿着要求装饰性、舒适性的完美结合，服装在穿着的各种状态下的舒适性，即运动强度和拘束感的研究是我国服装人体工程学研究的新课题。服装穿着的运动强度和拘束感相关因素包括以下几种。

（1）氧气吸入量。

（2）脉拍。

（3）服装压。

（4）相对代谢率（relative metabolic rate，RMR）。

（5）拘束感（自我判断）。

（6）服装材料的厚度。

（7）服装的松量。

其中，氧气吸入量与二氧化碳呼出量计算可采用闭锁式测量法和开放式测量法，闭锁式测量法是将高浓度氧气（O_2）通入密闭容器，呼出的二氧化碳（CO_2）被吸收剂吸收，剩余的氧气与二氧化碳的浓度之差求得氧气消耗量。

脉拍采用电子自动血压计，服装压采用气压传感装置，当装置中膜泡受压后通过内部气压变化间接反映服装对人体的压力。

RMR 采用人体运动前后的吸氧量差与只保持最低生理消耗的吸氧量之比求得。

拘束感是人体穿着服装后的自我感觉判断。

服装材料的厚度通常按照克重来区分薄料和厚料两种。薄料通常指克重在 100 克/平方米以下的材料，如薄纱、雪纺、丝绸等。这种材料透气性好，柔软轻薄，适合夏季或热带地区穿着。厚料则通常指克重在 100 克/平方米以上的材料，如棉布、毛料、羽绒等。这种材料保暖性好，耐磨损，适合寒冷的冬季或户外运动穿着。当然，薄料和厚料的划分标准也有所不同，不同的国家和地区也可能存在差异。

服装的松量是指穿上后，服装内部与身体表面之间留下的空间。这个空间大小取决于服装的设计、款式、材质等因素，也被称为“合身度”。

通过对上述指标的相关分析，可以得到部分因子或总体因子之间的回归关系式。其中，服装的穿着舒适性与氧气吸入量成正比关系，脉拍大小能大体反映穿着者的舒适状况。服装压是直接反映人体承受压力状况，与舒适感成正比，服装的干湿状态对服装舒适感有很大的影响。服装的松量直接关系到服装压力的正比变化，并且与其他因子有关系。因此，进行这方面的科学研究对于优化提高服装的结构设计，改善服装的合体性和健康性具有重要意义。

二、服装人体工程学的应用

通过对服装人体工程学的研究，可以帮助设计师和工程师设计出更加符合现代人生理结构和心理需求的服装，从而更好地满足人们对服装设计的要求，其应用主要体现在以下方面。

（一）服装人体工程学在服装松量设计中的应用

1. 服装松量的概念

（1）定义。服装松量是指服装廓体和人体体表间的周长差，这一物理量是维持人体生活、生理活动及工作需求的必要数据。通俗点来说是为了给人体预留一定呼吸及活动空间的数据。

（2）组成。松量根据其作用可包含下列成分。

①生理、卫生需求的松量。对应皮肤的放热、出汗、体温调节、呼气、吸气等生理、卫生现象所需要的松量。

②服装穿脱需求的松量。服装穿脱时一般在前后衣身中心、腋下、袖口等部位做开口，这样可减少甚至不需要松量。但由于人体的立体构造，在开口部位以外没有松量将会使穿脱困难，特别是伸缩性能差的布料，加松量更为必要。

③相对于体型变化的松量。人们在生长发育、饮食、妊娠、日常生活动作、体育运动及劳动时其形态会发生变化，为使体表变化不受牵制，亦需加松量。

④服装品种及风格需求的松量。服装的各种品种不同，如婴幼儿服、老人服、上学服、工作服、运动服、休闲服、睡衣、礼仪服装等，因用途不同等都应有相应的松量，并且由于各个时期的流行风格不同，同样的服装也会有不同的宽松量。

⑤服装材料的物理性能所需的松量。根据服装使用的材料，对应不同的厚度、密度、重量、刚硬度、伸缩性、悬垂性，其松量亦取值不同。

（3）设置。

要使松量设置取得最大效果必须考虑以下因素。

①松量应设置在皮肤伸展性大的部位，适应动作的伸展方向需求。

②在皮肤的伸展偏移部位应配置伸展性好、复原性好的材料。

③服装的周径方向加入的松量要根据皮肤运动偏移部位及方向等情况，以充分发挥效果。为避免产生新的褶皱，要以身体的机能与布料的性能为基础全面考虑松量放置的位置、数量和方向。

2. 服装主要部位的松量设计

（1）上衣胸部松量①。

女装：宽松风格 B =（B* + 内衣）+ ≥20 厘米

较宽松风格 B =（B* + 内衣）+15 ~20 厘米

贴体风格 B =（B* + 内衣）+ <10 厘米，弹性材料 B = B* − ≤8 厘米

较贴体风格 B =（B* + 内衣）+10 ~15 厘米

男装：宽松风格 B =（B* + 内衣）+ ≥25 厘米

较宽松风格 B =（B* + 内衣）+18 ~25 厘米

贴体风格 B =（B* + 内衣）+ <12 厘米

较贴体风格 B =（B* + 内衣）+12 ~18 厘米

（2）裤子臀腰部松量设计。

臀部是人体下部明显丰满隆起的部位，其主要部分是臀大肌，表现出臀部的美感和适合臀部的运动是下装结构设计的重要内容。

臀部运动主要有直立、坐下、前屈等动作，在这些运动中臀部受影响而使围度增加，因此下装在臀部应考虑这些变化而设置必要的宽松量。表 1 –5 是各种动作引起的臀围变化所需松量。

表 1 –5　　臀围变化所需松量

姿势	动作	平均增加量（厘米）
直立正常姿势	45°前屈 90°前屈	0.6 1.3

① B 为服装成品胸围尺寸，B* 为人体净体胸围尺寸。

续表

姿势	动作	平均增加量（厘米）
坐在椅上	正坐 90°前屈	2.6 3.5
席地而坐	正坐 90°前屈	2.9 4.0

表 1－5 中显示，臀部在席地而坐作 90°前屈时，平均增加量是 4 厘米，也就是说下装臀部的舒适量最少需要 4 厘米，再考虑因舒适性所必需的空隙，因此一般舒适量都要大于 5 厘米。至于因款式造型需要增加的装饰性舒适量则无限度，如图 1－11 所示。因此裙装的臀围松量最少取 4 厘米。

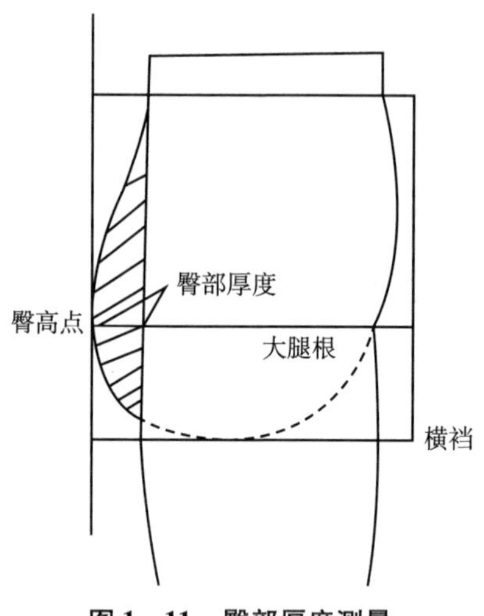

图 1－11　臀部厚度测量

各种动作引起的腰围变化所需的松量，如表 1－6 所示。

表1-6 腰围变化所需松量

姿势	动作	平均增加量（厘米）
直立正常姿势	45°前屈 90°前屈	1.1 1.8
坐在椅上	正坐 90°前屈	1.5 2.7
席地而坐	正坐 90°前屈	1.6 2.9

腰部是下装固定的部位，下装腰围应有合适的舒适量。表1-6是各种动作引起的腰围尺寸的变化。表中显示当席地而坐作90°前屈时，腰围平均增加量是2.9厘米，这是最大的变形量，同时考虑到腰围松量过大会影响束腰后腰围部位的外观美观性，因此一般取2厘米。

（二）服装人体工程学在服装面料上的应用

1. 人—服装关系中的面料内容

面料是服装材料的主要内容，是服装的物质基础，不管是什么面料，生产过程都要经历三个步骤：纺纱、织造、整理，最终呈现出制作服装的面料。每一个步骤的处理、定位、选择都关系到面料对人体的使用价值，如在整理步骤中，使用柔软剂除了可以改善整理后的手感，还能提高树脂整理织物的撕破强力和耐磨性。

生产面料的原料种类众多，一般可分为天然和化学纤维两大类，常用的纤维特性与人—服装关系具体如下。

（1）棉。在所有纤维中，棉纤维是皮肤接触最舒适的纤维，也是最卫生的纤维。它具有清爽的手感与合适的强度（断裂伸长率为6%～11%）。正因棉纤维内腔充满不流动空气，而使静止的空气成为最好的热绝缘体，它也是保暖内衣的首选原料。棉纤维可塑性强，在105℃状态下，蒸发水分的同时进行加压，可任意改变它的形状。

（2）麻。麻的种类很多，其中苎麻最为优良。吸湿、透气、卫生、快干，适宜做夏装衣料。但手感较差、有褶皱，需要改性或混纺来使之成为更理想的夏装材料。

（3）尼龙。尼龙纤维结实且伸展力好，质轻而柔软，这种对人体压力小的材料适宜做运动服装、长袜等没有捆缚限制的服装。

（4）蚕丝。蚕丝是天然纤维中最细最长的纤维，一般长度在800～1100米，细长的纤维使丝绸衣料有柔软的手感与自然的垂性，而自然的垂性是产生优雅仪态的关键。同时，其光泽与染色性好，各种美观的图案最好用丝纤维材料来印制。蚕丝纤维耐盐的抗力差，如果作为夏装衣料，一旦被汗水浸湿，应马上冲洗干净（不宜浸泡），不然既不符合卫生要求，也会使纤维组织受到破坏。

（5）毛。毛属于蛋白质纤维，毛纤维的种类也很多，常采用绵羊毛和山羊绒。毛纤维保温性能良好，伸展与弹性回复力优，不容易起皱，具有吸湿性与一定的柔软度，还有适当的挺度，是做外套的最理想衣料，对运动中的人体捆缚性小。

（6）涤纶（聚酯纤维）。涤纶是目前服装面料中运用最多的纤维，因为涤纶分子呈平面对称结构的紧密排列，弹性足、强度高、尺寸稳定性好，有“免烫纤维”之美称。它不适宜直接与皮肤接触的原因是吸湿性差，即使作为外套材料也有发闷、不透气之感，一般涤纶纤维需要与其他纤维混纺，以达到扬长避短的目的。

（7）氨纶（聚氨基甲酸酯纤维）。氨纶目前运用较广的“斯潘齐尔”（Spanelle）、“莱卡”（Lycra）均属此类。它的延伸度可达500%～700%，回弹率在97%～98%，弹性优于皮肤数倍，而且耐汗、耐手洗、耐磨。用于合体修型类的服装及运动服。

（8）氯纶（聚氯乙烯纤维）。

因其分子中无亲水结构，制成内衣裤后经人体摩擦会产生静电，对关节炎可起到类似电疗的作用。氯纶服装只能在低水温中（30～40℃）洗涤，超过70℃时会缩成一团且变硬，所以做雨披等最适宜。

（9）腈纶（聚丙烯腈纤维）。腈纶具有轻盈、体积大、蓬松、卷曲、保温性佳等特点，而与羊毛相比又存在（弹性接近羊毛，保暖性比羊毛高15%）耐磨性差、易磨损、易断裂、易起球等缺点，宜与其他纤维混纺。它在人体体表的最佳位置是贴身内衣与外套之间（也可作外套材料）。

2. 满足人体要求下的面料舒适性

内衣服装直接覆盖人体皮肤，外衣间接接触人体皮肤，人体需要的舒适感觉、恒定温度等都和面料有关，面料的皮肤角色格外重要。

（1）透水、透气。透气性是指当面料两侧存在空气压力差，一面所受的水蒸气压力大于另一面时，水蒸气通过织物气孔的能力。服装面料的透水性、透气性对人体的舒适和卫生影响极大，透水性、透气才能使空气进行交换，不让废气在服装中蓄积。如果服装中的二氧化碳超过 0. 08%，水蒸气量使湿度超过 60% 时，就会有闷热感，人体躯干的皮肤与服装最内层之间的气候，维持舒适的指标为湿度 50% 左右、气流在 25 厘米/秒左右。缓解夏日人体的闷热感觉，应使用透水性、透气性好的材料，使汗液及时散发。

织物属于透水性、透气性好的面料，其组织一般是稀疏的或透孔的，如针织汗布，是夏日文化衫的理想面料。面料的织造形态比纤维性质更能决定透水性、透气性，织物越密越厚，透水性、透气性越差，雨衣、滑雪服等要求不透水、又不发闷的面料，则需采用高密组织或防水透湿的后道整理来达到。

（2）吸湿、吸水。纤维外表面及内表面以物理或化学的形式吸收水分叫吸湿；纤维之间、织物之间吸收水分叫吸水。吸水的原理与人体毛细管现象一样，先在织物纱线及纤维表面吸着，逐渐浸入纤维之间。

人体蒸发着大量的水蒸气，贴身面料充当吸湿材料；而当人体运动（出汗）时，贴身面料就应吸水使其向外发散，起着调节人体温度的作用。贴身内衣的吸湿、吸水要求，在材料上以天然纤维、再生纤维为宜。而合成纤维类吸湿性差，甚至不具备。几种常见纤维吸湿性排序为：羊毛 > 人造丝 > 麻 > 丝 > 棉 > 尼龙 > 维纶。

此外，面料过量吸湿或吸水则使重量增加，含气量减少，透气性下降，热传导率增大，使水分蒸发引起人体热量损失，这样的面料接触皮肤表面时会产生不适感。面料最好有适度吸湿和适度的水分发散速度，吸湿速度过快，体温发散增大，对体温调节不利。

服装的吸水与吸湿，内衣主要由人体出汗所引起，外衣则一般是被雨水、雪、雾、霜等浸湿。在二者之间，外衣要求的吸水性小，而内衣要求的吸水性大，本着这个原则，内衣的材料结构以针织品的经编材料（且有一定厚度）为宜，外衣的材料结构以合成纤维的梭织物较好。

（3）保温。面料的保温作用是服装的目的之一。面料的保温不单受通气、热传导的影响，也受热射线的反射、吸收所支配，还受织物结构的影响，面料中空气越固定（内部所含空气越多），保温性越大，面料中空气流动越快，保温性越小。例如，缎纹组织比斜纹组织含空气量大，斜纹组织比平纹组织含空气量大，缎纹的保温性在三类组织中最好；在同一组织中，起毛组织的保温性大于没有起毛的组织。

就同一材料的面料来说，厚度与保温成正比。面料紧贴皮肤时，空气层厚度为零，而保温性最小，在身体上一层层加叠面料后，保温性随之增大，但这种增厚是有限度的（在 5 ~ 15 毫米），超过这个厚度就会降低保温效果，市场上所倾慕的“空气层内衣”就是适当地保持着空气层厚度。

3. 人体体表与面料适合性

按照服装人体工程学的内容，面料应当最大限度地具备人体的生理功能，在生物性、物化性、力学性方面也体现出价值，同时在选择面料的过程中，要吸取有利于人体效能的构造，满足人体协调环境、舒适卫生的构造，尽量避免不匹配的性能因素。

（1）弹力面料的适合性价值。从服装人体工程学的角度来看，弹力面料不仅适合人体运动，又十分贴近人体肌肤和呼吸特性。

弹力面料和人体体表（这里主要是指皮肤）既有共同特征，又有一定的差异。弹力材料可以通过人为处理、调节控制弹性值，但是人为不能控制皮肤的弹力，并且年龄、身体部位的不同都会使得皮肤弹性有所差异，因此弹性面料需要不断地进步，才能更好地服务于形体运动和皮肤卫生。

（2）面料与人的综合适应评价。综合适应评价内容包括质感、手感、物化性能、视觉与心理感觉、肌肤感觉、人体运动感觉、适宜时节、造型类别等，以上内容用表格表示如表 1 －7 所示。

表 1－7　常用面料与人的综合适应评价

品名	质感、手感	物化性能	视觉与心理感觉	肌肤感觉	人体运动感觉	适宜时节、造型类别
细竹布 巴里纱 格子布 泡泡布	薄、透明、肌理纹	薄、凉、挺、平纹、棉、麻、化纤类	休闲、家居情态、环境随意性	分离、脱落、凉爽	牵引适度，有宽松量要求，无弹性	夏、衬衣、睡衣
府绸	光泽感、软、柔、滑	轻、密、横向棱纹、棉、毛、化纤类	同上	柔软肌肤感、亲和	顺从、贴切、无弹性、飘	夏、睡衣
牛仔布 劳动布 牛津布	布面色度深浅差异、厚、硬、刺感	斜纹、合成纤维、棉、耐磨	力量、朴实、岁月感、超越	微痒、触痛、抵触、回避	硬、僵、固定牵制、不贴身	四季、外套、职业工作服、休闲服
天津绒 丝绒	闪光（顺、逆光）、厚	绒毛、垂势（悬垂）	富态、炫耀、游戏	封闷感、沉闷冷刺感	滑动、游离拉伸感	外套、礼服、表演服
灯芯绒	立体	凸凹纹棉、化纤	力量、朴实	一般	吸附、微弹（横向）	四季、外套（裤）、童装
双绉 软绸 软缎	闪烁、滑柔、反抗	蚕丝、合成化纤、垂势强	温和、华贵	亲和、贴切、柔顺	便利、滑落、流动顺从	礼服、女装（裙）春秋装
乔其纱	光泽小、挺度好	极薄棉、毛、尼龙、合纤、平纹	透、露、朦胧、性感	折触感	起褶皱	辅料、表演服

续表

品名	质感、手感	物化性能	视觉与心理感觉	肌肤感觉	人体运动感觉	适宜时节、造型类别
薄绸	柔软、薄、轻盈	平纹	飘逸、亮丽	滑柔	顺从无皱纹	夏装、女裙
哔叽 哈味呢 华达呢	滑溜	毛、合纤、形态稳定、斜纹、平纹、缎纹	礼仪性、财富感	微刺感	牵引、制约	四季、制服、外套类
织锦缎	花团锦簇、五彩					装饰、袍、礼服
中长 纤维类	综合	定型性强、尺寸稳定、色彩丰富	光洁、平整、挺括	毛糙、微弹	一般	外套、制服、工作服
法兰绒	松软、温暖	布面有毛羽覆盖、手感柔软	富丽、高贵、传统	微刺痒	压力感	礼服、外套

第二章
CHAPTER 2

服装人体工程学与服装设计系统*

服装人体工程是服装设计的基础和技术支撑，通过研究人体生理结构、形态结构、卫生特点等，可以设计出满足人体需求的服装，使得服装设计在满足美观的同时，更加契合人体生理构造。

本章主要介绍人体与服装设计的关系、人体形态和服装结构、服装设计与人体生理、服装设计与人体卫生等，旨在全面帮助读者掌握服装人体工程学的基础知识。

第一节　人体与服装设计的关系

在进行服装设计时，要想服装设计得更加贴合人体结构，就需要了解和掌握人体各个部分的特征，包括人体颈部、人体肩部、人体腹部、人体躯干、人体上肢和人体下肢与服装设计的关系。

* 本章图片均由笔者自行绘制。

一、人体颈部和服装设计的关系

（一）人体颈部特征

颈部将头部和躯干结合在一起，是人体躯干中最活跃的部分，颈部也是脊椎中最容易弯曲的部分，能做到前移、后移、前屈、后伸、侧屈头部以及扭转的动作，在服装设计中占据重要地位。颈部是人体躯干中最活跃的部分，它将头部与躯干联结在一起，围绕它的四周结构形式与缝线决定服装衣领式样。因此，有必要了解和掌握人体颈部骨骼和结构的特点，测量出不同人的颈部数据和特点，从而达到“量体裁衣”的效果。

其中，颈椎是支撑颈部的主要骨骼，同时也是头部的支柱，具有重要的作用和价值。在设计服装时，需要考虑颈椎骨骼的特点和突起状况，这样才能设计出符合人体颈部结构的服装。颈部骨骼如图 2 – 1 所示。

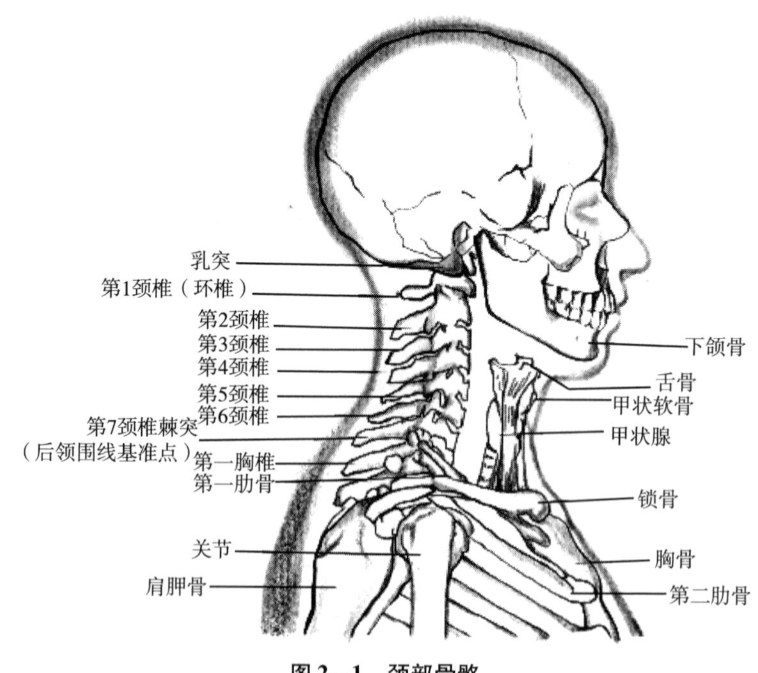

图 2 – 1　颈部骨骼

颈部因人而异，不仅有长短粗细之分，还有倾斜势态的不同。例如，在人体直立静态的状况下，挺胸型和驼背型的颈部倾斜度各不相同，一般在定制服装的设计中，都要单独对颈部进行实际测量。

考虑颈部造型也要顾及头、肩结构的关系，领围的宽松量视款式而定。距离颈部体表空间越大，宽松量也就越大，这是放量规则。半高领式的高度宜在锁骨与喉结之间，以不妨碍颈肩部侧屈运动为好。下面三种不同领型的处理，说明了颈部结构与服装设计的关系。

（1）半高领造型。在锁骨到领口上缘呈现上窄下宽的圆柱状，领口在喉结部位，既有颈部的修长感，又利于颈、肩、头部的协调运动。

（2）V 领造型。V 领比常规衬衣领略宽，使“V”形折角在 50°~60°，从而保持视觉上的适度，其直开领大小视设计而定。

（3）吊带处理。系带的悬吊点在颈部斜方肌与肩部三角肌之间，这两块肌肉的接合处呈凹势，正好稳定系带而防止侧滑。

（二）人体颈部与服装领子设计

1. 颈部构造和衣领设计的关系

（1）颈椎和衣领设计的关系。颈椎制约着头部运动，由 7 块椎骨组成，除了第 1 颈椎和第 2 颈椎外，其他形状都是相似的。第 7 颈椎被肌肉包围，在体表是接触不到的，只有第 7 颈椎棘突起的地方可以从体表看到，这也是设计领围线中心标志的位置。因此，颈椎作为颈椎表现的支撑骨骼，用于在设置领围线时将颈部看成筒状来考虑。颈部、肩部骨骼俯视图如图 2－2 所示。

（2）颈部肌肉和衣领设计的关系。颈部的肌肉可以分为后颈肌、外侧颈肌、前颈肌、浅颈肌。服装的设计和颈部外部肌肉形状直接相关，因此需要把浅外层的肌肉作为主要研究对象。颈部肌肉除最外层的颈阔肌外，大致由沿着颈椎的前后肌群与倾斜地包围在它们外侧的斜方肌和胸锁乳突肌所组成。颈椎周围的纵向肌群，是以颈神经为划分界限的，可以分为腹侧（以舌骨体为中心）的前颈肌群和背侧（以椎骨为中心）的后颈肌群，颈部肌肉如图 2－3 和图 2－4 所示。此腹背的划分，不仅是形态学上的问题，也与服装理论构成有关。此外，受到副神经支配的斜方肌与胸锁乳突肌是颈肌中的重要部分，是与领子的构造关系最为密切的肌肉。

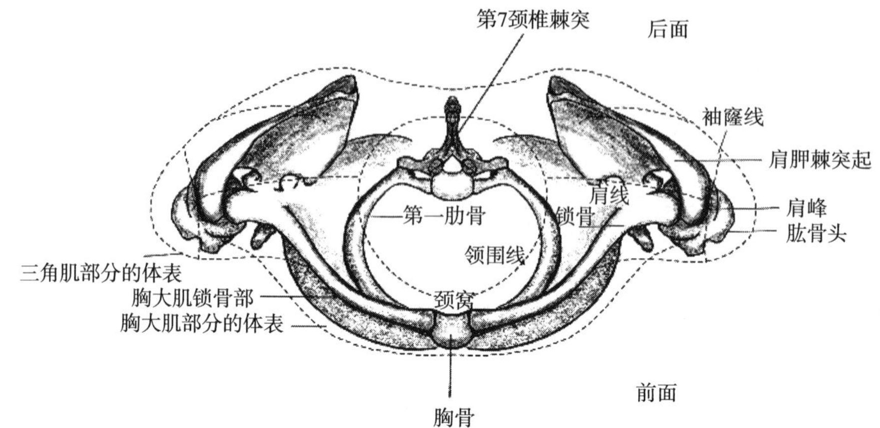

图 2－2　颈部、肩部骨骼（俯视结构）

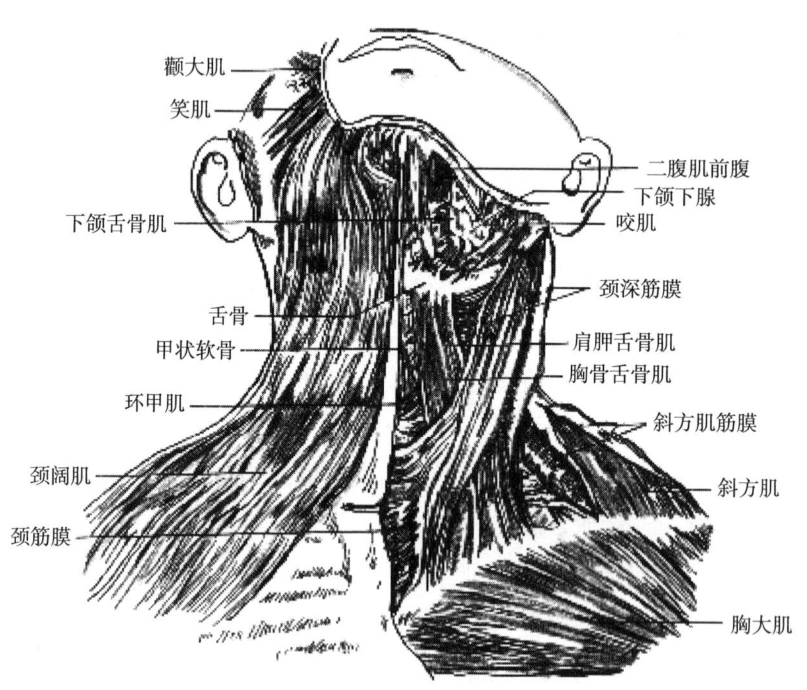

图 2－3　颈部肌肉

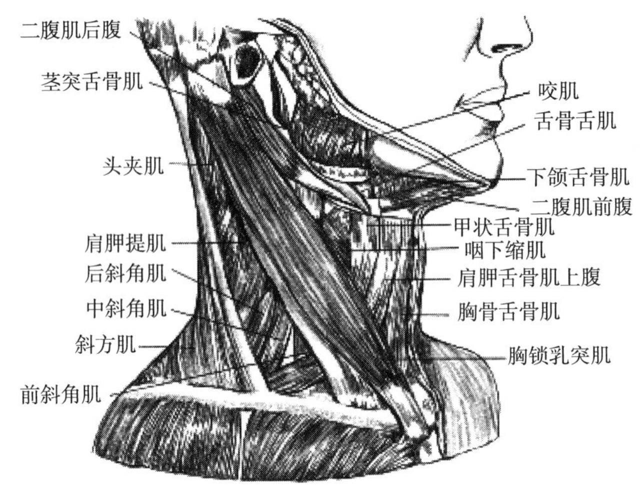

图 2-4　颈部肌肉侧面观

（3）颈部皮肤、皮下组织和衣领设计的关系。皮下脂肪的沉积，除了使颈部的粗细增加外，适量的脂肪沉积会使领围线的翘曲减少，领子安定度增加。在颈部的皮下结缔组织中，后颈部较前颈部结实，皮肤滑动少。颈部在运动时，前颈部的变化要比后颈部变化大。从颈部的构造可以看出，后领围线部分皮肤变动少，稳定性高；前领围线部分皮肤变动大，稳定性差。因此，不论领子的造型如何，都应以后颈部为根基，然后再考虑前颈部动作的影响。

2. 颈部运动和衣领设计的关系

颈部有 6 种运动及 6 种运动形成的复合运动，因此颈部的运动领域十分宽广，也就使得领子必须具备一定的功能，不能阻碍脖子运动。

（1）颈部运动特征。颈部和头是一起运动的状态，有颈部侧屈、颈部前屈、颈部外旋、颈部后伸等，以上运动都是和生命息息相关的人体潜在的本能运动。其中颈部本能地前屈，拉下下颌是为了保护在颈前部和性命相关的器官；颈部外旋运动可以扩大人的视野。颈部运动状态如图 2-5 所示。

（2）颈部的外观种类。颈部除了运动特征外，在静止状态下还有不同的外观状态。一般分为以下三种。

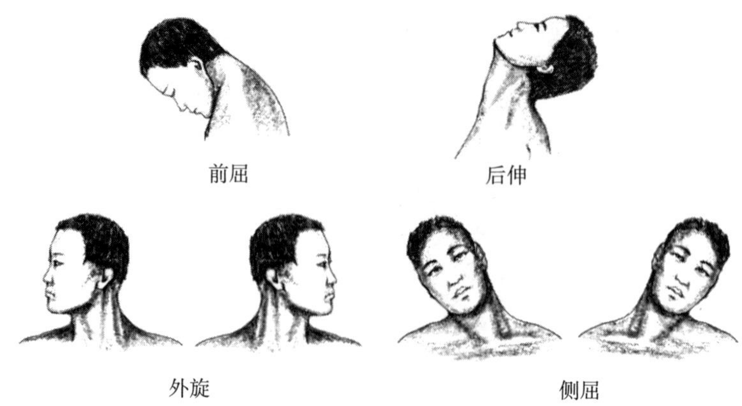

图 2－5　颈部运动状态

①清晰的颈部外观。这种颈部类型一般常见于肌肉发达的男性，设计时领围线比较容易确定，并且装领线接近于平直，在这种颈部外观下进行工艺制作较为容易。

②一般类型。此种颈部类型较为常见，只是在肩部和颈部的连接部分稍有圆弧，设计时只需要在侧颈点稍有弧度，就可以使领部坐落稳定。

③平缓不清晰的颈部外观。颈根部较为平缓，呈圆弧状，只是颈部和肩部的界限不清晰，这种颈部类型在女性中偏多，并且其领围线难以确定，因此在技术上要求更高，可以将肩线抬高，加大在侧颈点的弧线，增强其合体性。领子的基本类型如图 2－6 所示。

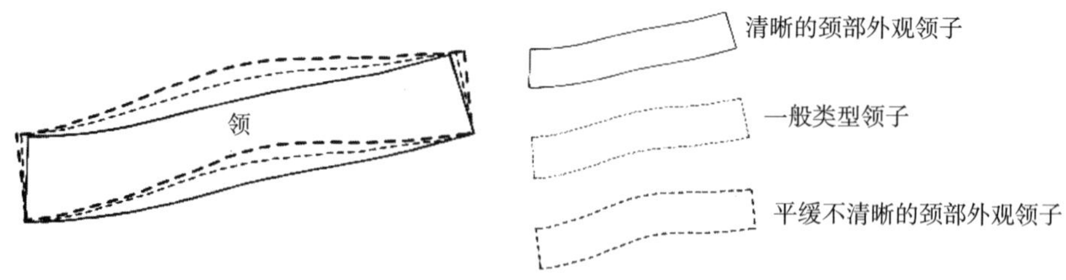

图 2－6　领子的基本类型

（3）衣领设计。

仔细观察人体颈部，前至下领边缘，下至锁骨边缘，后至第 7 颈椎，呈上细下粗，无规则的圆柱体，颈中部与颈根部的围度差一般在 2～3 厘米的范围内。男性和女性的前倾度不同，男性的前倾度为17°，女性的前倾度为19°，造成了前低后高的倾斜弧线。这个倾斜弧线是构成无领领口的基线，并决定了领子成型的角度与外观造型。颈部领子设计区域展示图如图2-7所示。

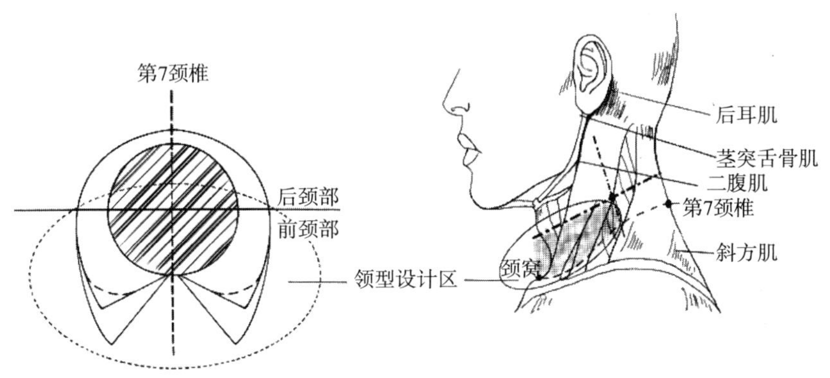

图2-7 颈部领子设计区域展示图

二、人体肩部和服装设计的关系

（一）人体肩部特征

肩部由锁骨与肩胛骨共同支撑构成，后面的斜方肌与前面的胸锁乳突肌、外侧肩峰的三角肌共同构成肩部的圆弧形态，丰满圆润。锁骨后弯处的胸大肌和三角肌交接处有腱质间隙，形成锁骨下窝，在肩前部外观形态上出现两侧高、中间凹陷、肩后部呈圆弧形态。肩部体表由于颈侧根部向肩峰外缘倾斜，它与颈基部构成了夹角，为10°~30°，女性的倾斜角大于男性。

肩部在人体中属于躯干部分，肩部外侧是躯干和上肢的界限，两者通过肩关节相连。肩关节在人体中运动量很大，有下降、下旋、上旋、提耸、外展、内收等活动。上肢的运动会引起肩部形态的变化，因此在设计过程中要注意肩头袖窿线的设定。

（二）人体肩部和服装肩部设计

1. 人体肩部构造和服装肩部的关系

（1）服装肩部和人体肩部骨骼。肩部的范围是前面突出的肱骨水平位置、后背肩胛骨及椎骨缘交点的水平位置为下限，到领围线位置的区域内。

肩部成形的相关骨骼和服装相关的有颈椎、锁骨、肩胛骨和肱骨头。肩部骨骼如图 2 –8 和图 2 –9 所示。

①颈椎。颈椎是后颈点和领围线的标志。

②锁骨。锁骨的胸骨端是胸锁关节，形成了颈窝，是前颈点的标志。

③肩胛骨。肩胛骨和内侧缘形成背部突出的部位，和肩缝线弧度、肩省、肩归拢等有关，其肩峰是服装肩端的标志。

④肱骨头。肱骨头和袖窿前部的跟随性、肩线位置、服装前肩曲面化等有关。

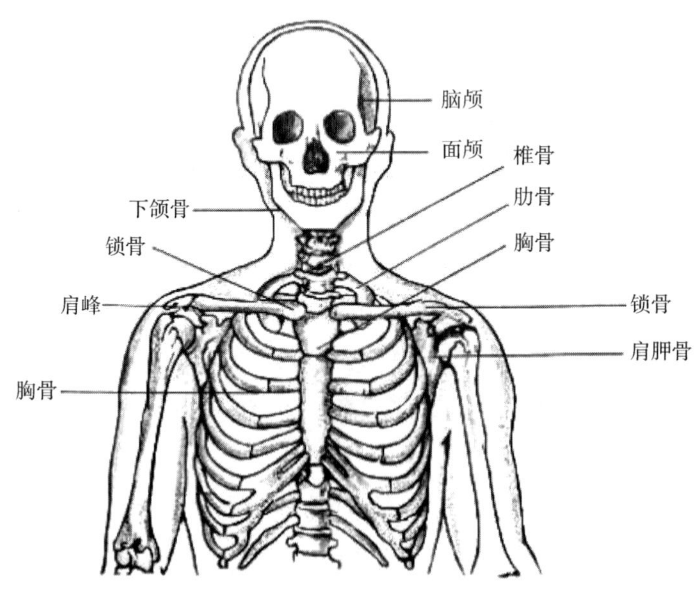

图 2 –8 肩部骨骼（正面）

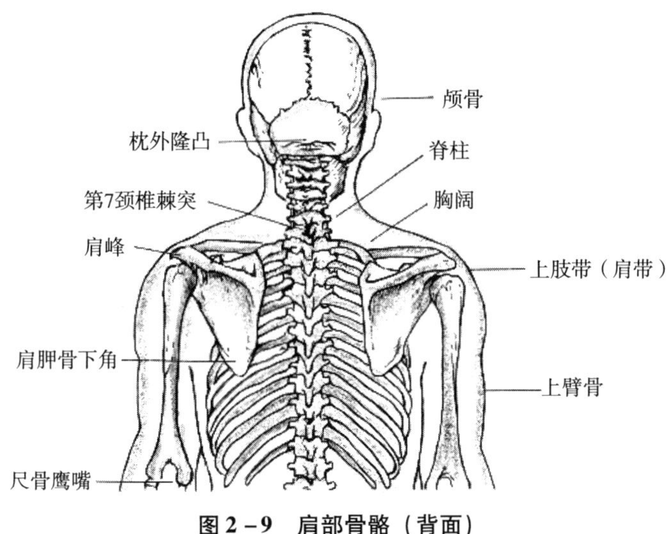

图 2－9　肩部骨骼（背面）

（2）服装肩部和人体肩部肌肉的关系。

人体肩部肌肉主要是指占据背部大面积的表面斜方肌和完全覆盖于肩关节外侧的三角肌。在服装肩部设计中，肩的倾斜度由斜方肌的水平部分决定，肩端的圆润度则是由三角肌的形状决定，无论是从功能上还是形态上，这两部分肌肉都是和服装肩部最为密切的肌肉。肩部肌肉如图 2－10 所示。

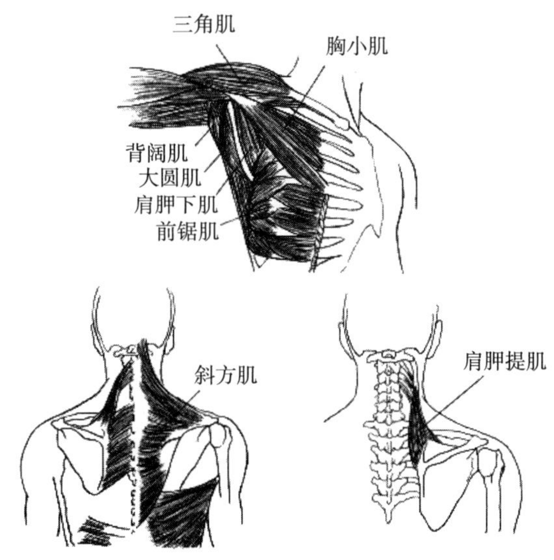

图 2－10　肩部肌肉

2. 服装肩部设计

人体的肩部不是静止的，是可动的，并且具有复杂的形态，肩端的位置参数、高度、厚度、宽度、倾斜度等，也直接关系到设计服装时的肩部结构。

（1）肩部类型。

①第一种在肌肉发达的男性中较为常见，一般是指肩线中部向上隆起的肩部类型，在设计纸样时需要经过归拢、归拨处理，将肩线处处理成曲线。

②第二种是指肩线中部较为平坦的类型，其设计纸样样式简单，前后片肩线处呈现直线即可。

③第三种在女性中较为常见，是指肩线中部下凹的类型。在纸样设计中，需要使整个纸样贴合人体曲面，这就需要在颈侧边稍向下挖，前片上进行曲面处理，后片肩线归拢。

（2）肩部的设计重点。服装设计中肩部侧颈点（side neck point，SNP）—肩端点（shoulder point，SP）的走线需要沿着肩棱线。肩棱线是指从领围线到肩峰的等高线上弯度最深处的连线。而在服装立体造型中非常重要的便是服装的肩线，是在肩棱处背部凸面和前部凹面对接而成的曲线。服装肩部设计区（侧面）如图2－11所示。

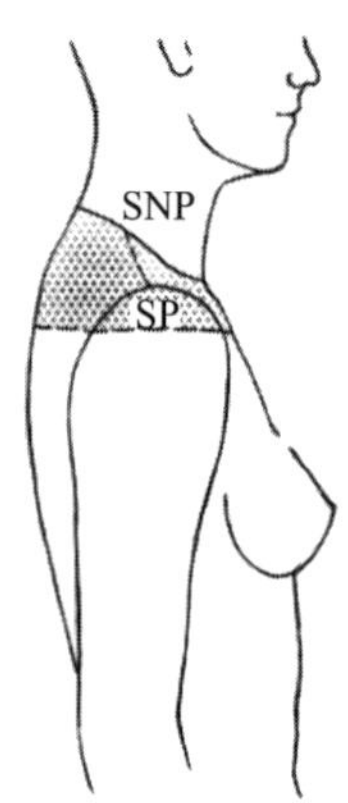

图2－11 服装肩部设计区（侧面）

（3）肩部的结构处理。

依据人体肩部的结构处理，前肩的凹势在服装的处理结构中常用拨开的熨烫工艺方法。人体后肩部的肩胛凸起十分特殊，对应的服装结构处理手法也多种多样，常用的有分割线、归拔熨烫工艺、省道线，或者是几种方法的综合运用。

三、人体腹部和服装设计的关系

（一）人体腹部的特征

腹部位于胸廓以下、耻骨以上（除腰椎之外）的无骨部位，截面形态为椭圆形，腹背部中间有凹陷处。腹部的横切面周径不是一成不变的，存在一定的差异，一般在胸腰点上最小，在髋骨外侧点上最大，但是椭圆形状是不变的。

（二）人体腹部与服装设计

腹部是指服装设计与制作中腰身的基准，在基准点的松紧定位、上下移动、曲直变化等产生服装腰部的千变万化。腹部上下之间有不同的截面存在，这也导致服装腰线没有固定的位置，可以上下游离从而产生不同风格的形态造型，上至乳房下缘，下至髋骨上端，腰际线以上的为高掐腰式，腰际线以下的为低掐腰式，如“露脐式”女裙或者女裤就是将腰线下移，由髋骨外端充当支点，以此最大限度地显示腹部本来形态。人体腹部解剖图及腰线示意图如图 2－12 所示。

腹部设计中对腹部的处理并不局限，相反比较自由，但是自由的前提是腹部和上下肢运动不是直接发生牵连，而是通过胸腔和臀部作了缓冲。腹部服装设计需要考虑的重点是：以腹部截面最小处（也被称为腰际线）为基准，对下装有悬挂价值即可，侧部抽褶与后腹抽褶、对称与不对称、上移与下滑均可，视与其他整体造型协调而定。

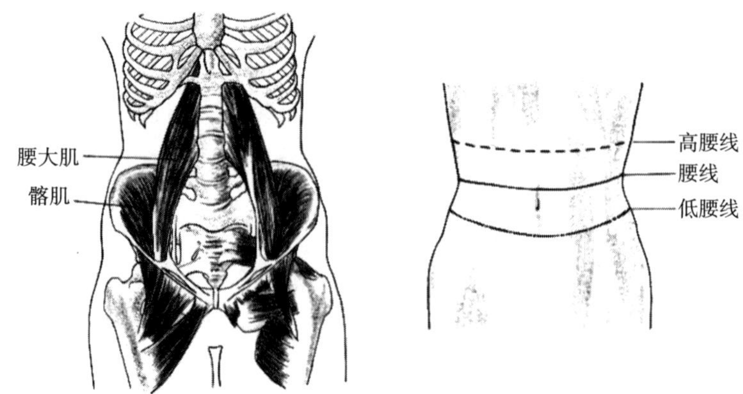

图 2－12　人体腹部解剖图及腰线示意图

四、人体躯干和服装设计的关系

（一）人体躯干特征

脊柱和肌肉共同支撑着人体的上身躯干。其中，脊柱的曲势形成体干的基本形态；肌肉的多少则影响着衣身的具体形态。

1. 脊柱的特征

通常来说，脊柱由颈椎、胸椎和腰椎三个部分组成，每个部位都有自身固有的弯曲，具有个体、形体和性别的差异。随着年龄的不断变化和生活习惯的不同，脊椎的形态和弯曲程度亦会发生相应的变化。

因此，在设计人体服装时，必须了解和掌握人体的脊柱结构和特点，采用相关工具测量出具体的数据，从而设计出符合人体躯干的上衣衣身，满足人体工作、生活及运动的需求。

2. 肌肉的特征

通常来说，上身躯干的肌肉大致可以分为两部分，即胸部和背部的肌肉。前者包括三角肌、胸大肌（锁肌部和胸肋部）、前腋部等；后者包括棘上肌、棘下肌、小圆肌、大圆肌、背阔肌等。

上身躯干的肌肉位于体表层和浅层，无论是动和静都会直接影响上衣衣身的设计和形态，因此有必要了解上身躯干肌肉的具体数据。人体骨骼、肌肉示意图如图 2－13 和图 2－14 所示。

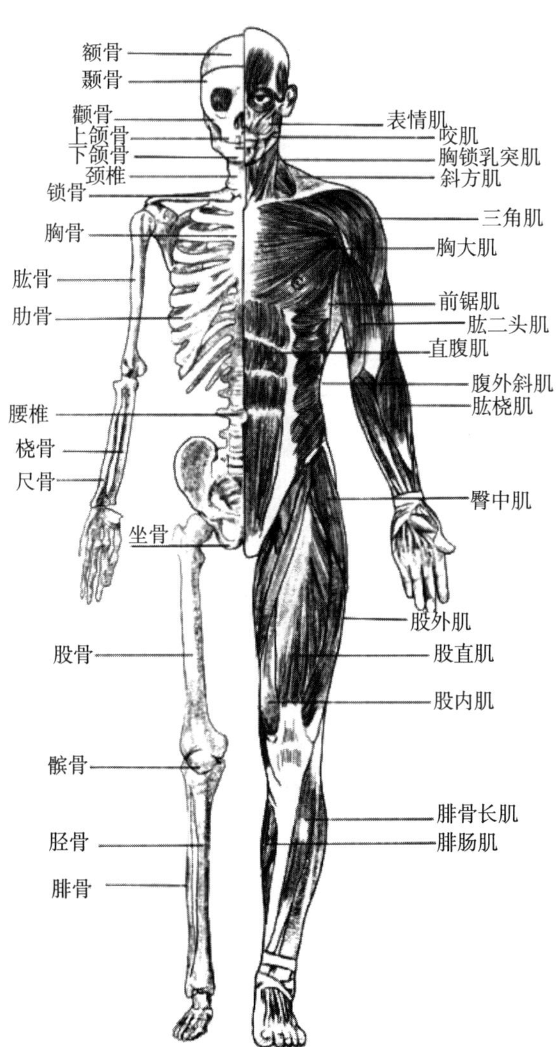

图 2-13 人体骨骼、肌肉（正面）

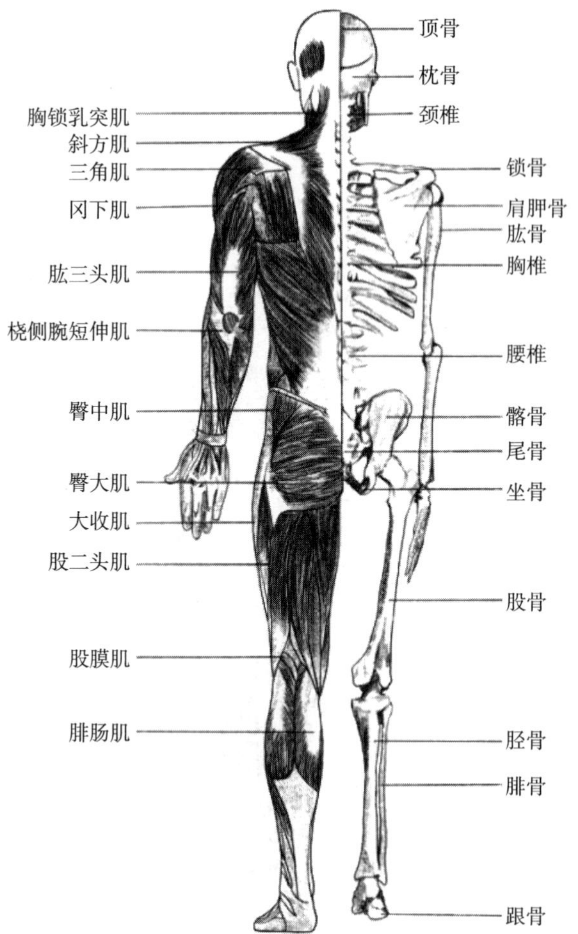

图 2－14 人体骨骼、肌肉（背面）

需要注意的是，由于女性胸部具有乳房，其形态和特点会根据个体不同呈现出不同的差异。通常来说，乳房位于第 2 根肋骨至第 7 根肋骨之间，外侧连接腋窝，内侧在胸骨外侧边缘，可以大致分为四种形态，即圆盘状、圆锥状、半球状和下垂状。因此，服装设计人员需要根据女性乳房不同的形态设计出不同的上衣衣身，使之更加契合女性的生理特点。

（二）人体躯干和服装设计

人体脊柱的弯曲程度不同，背部肌肉和胸部肌肉的紧实程度亦不相同，因此上衣衣身的基准点、松紧程度、曲直变化等各不相同。根据人体体形的不同，可以大致分为三种类型。一是标准体形，是指前胸和后背比较挺直的体形；二是反身体形，即前胸部挺起，后背部向后倾的体形；三是屈身体形，即前胸部后倾，后背部挺起的体型。人体常见体型（男性为例）如图 2－15 所示。

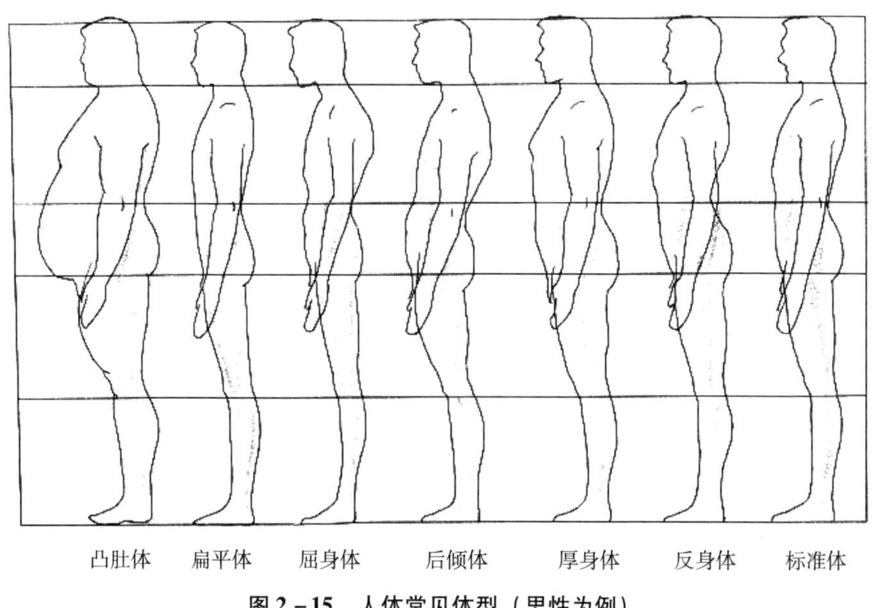

图 2－15　人体常见体型（男性为例）

在设计上衣衣身的过程中，并不局限于上述三种体形，设计者可以根据个人的体形特点，有针对性地设计符合人体体形的衣身。需要注意的是，上衣衣身必须具有相对自由的特点，以便人体在运动时不会感觉过紧或过松。

五、人体上肢和服装设计的关系

（一）人体上肢结构的特征

上肢骨骼和肌肉共同构成上肢结构。其中，上肢骨骼的状态和运动决定着衣袖的结构；肌肉的走向和生长状况则影响衣袖的围度和长度等。

1. 上肢骨骼

通常来说，前臂的骨骼、上臂的骨骼、肘关节、腕关节及肩关节等构成了上臂骨骼，具有个体的差异。

在设计服装衣袖时，有必要了解和掌握上肢骨骼的特征和结构，并具体测量出相关数据，这样才能更好地设计出符合人体上肢结构的衣袖。

2. 肌肉的特征

肌肉是构成上肢的重要部分之一，尤其是臂根处的肌肉群，它连接着肩部和手臂，具有重要的作用和价值。在设计服装衣袖时，该部分的肌肉决定着衣袖袖窿数值的基础，设计者需要根据该位置处的肌肉计算出科学合理的袖窿数值，使得其更加符合肌肉的走向和生长状况。上肢外形、骨骼、肌肉，如图 2－16 和图 2－17 所示。

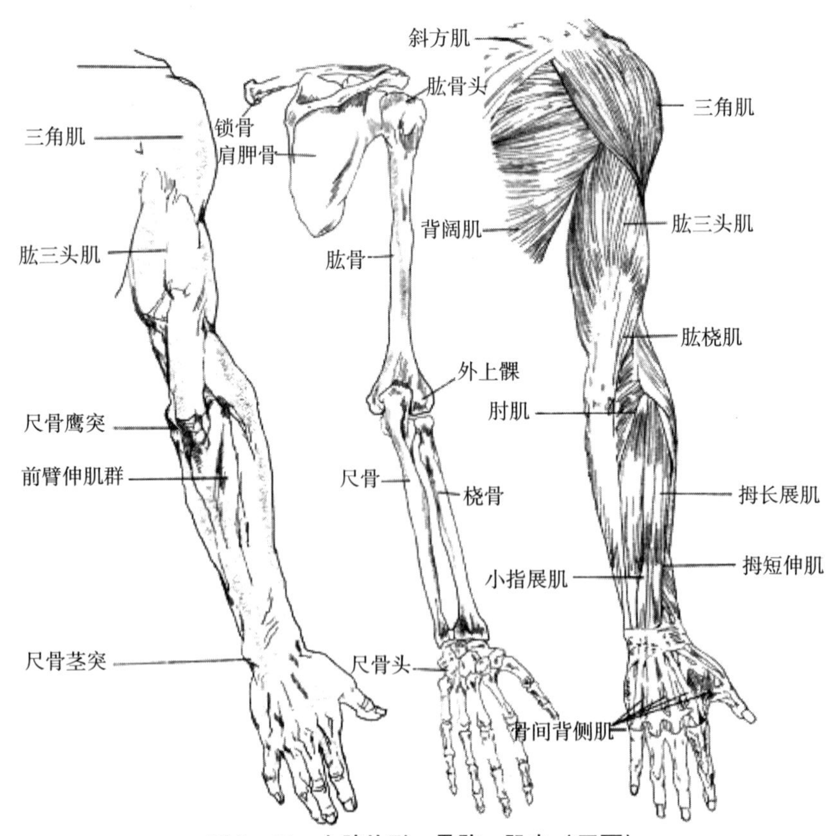

图 2－16　上肢外形、骨骼、肌肉（正面）

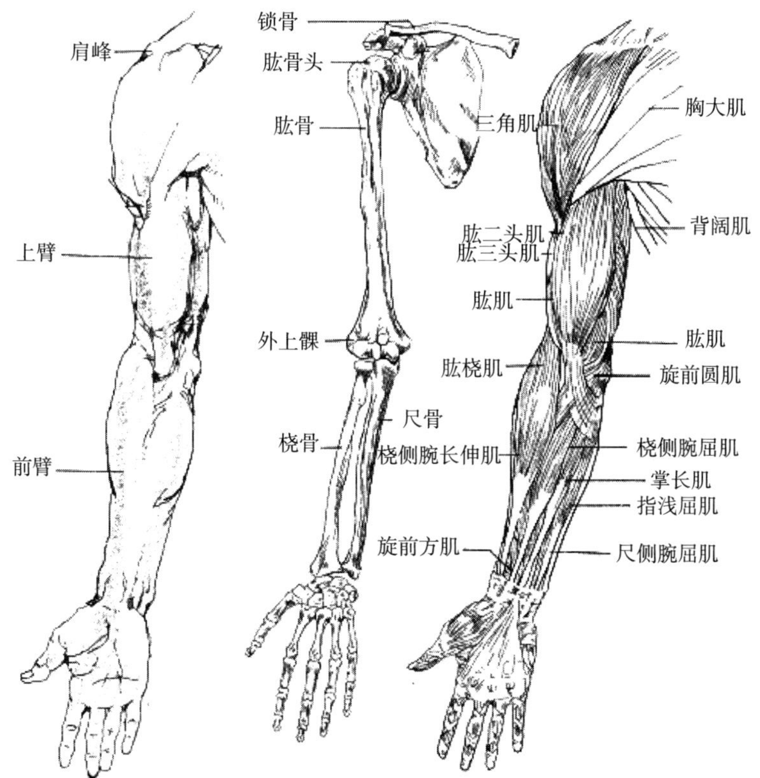

图2－17　上肢外形、骨骼、肌肉（背面）

（二）人体上肢结构与服装设计

衣袖的种类有很多，诸如装袖、连身袖、插肩袖等，这些衣袖的用途、材料、结构等并不相同。然而，从人体工程学的角度来看，所有的衣袖均可以分为袖山、袖窿和袖身三个部分，这些部位的设计和人体上肢结构密切相关，要想设计出具有实用性、舒适性的衣袖，就离不开对人体上肢结构的理解。

1. 肩部形态和袖山设计

根据肩根部的皮肤模型和形态模型，可以看到袖山部分形状如倒置的碗状，而在腋下部分则积聚着较为细密的皱纹。因此，在设计袖山时应当“留有余地”，以适应人体上肢抬起时皮肤的拉伸。

当然，为了使衣袖的设计更加贴合人体上肢的肌肉、皮肤和骨骼，可以运用石膏法或敷膜法制作出人体的皮肤模型和骨骼模型，将其作为纸样设计的参考。

2. 臂根形态和袖窿设计

人体臂根形态与袖窿设计息息相关。人体臂根断面及袖子纸样，如图2－18所示。

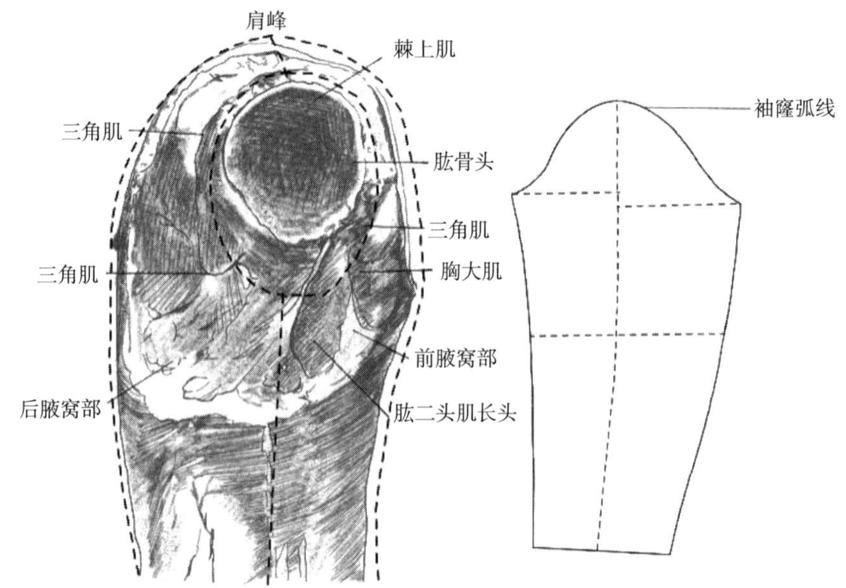

图2－18　臂根断面及袖子纸样

由于个体之间臂根形态各不相同，为了使设计出的衣袖更加科学合理，在设计袖窿时应当遵守以下方法：

（1）袖窿线应当按照肩峰点、前腋点、腋低、后腋点、肩峰点的顺序进行设计；

（2）肩峰点之前的走向为凸向内侧方向；

（3）肩峰位置的走向为凸向外侧方向；

（4）腋窝位置的走向为凹向内侧方向；

（5）背部几乎呈直线倒向外侧方向。

3. 上肢形态和袖身设计

由于人体的上肢并非挺拔笔直的，而是在上臂和前臂连接处的肘关节有所弯曲并带曲势下垂状态。人体手臂曲势（侧面）如图 2－19 所示。

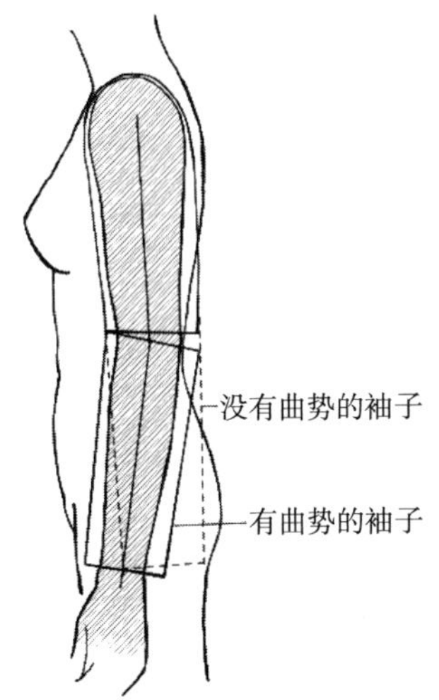

图 2－19 人体手臂曲势（侧面）

因此在设计袖身时应当满足以下要求：

（1）袖身应当符合人体上肢的基本形态；

（2）袖身应当根据肘关节的骨骼走向进行设计。

六、人体下肢和服装设计的关系

（一）人体下肢结构的特征

下肢骨骼和肌肉共同构成下肢结构。其中，下肢骨骼的长度和高度决定着裤子的长度，是设计下装（包括膝部、臀部）的基础；肌肉群（包括大腿部、小腿部、腰臀部等肌群）状况则影响下装的省道构成。

因此，有必要了解人体下肢结构的生理特征和结构特点，这样才能设计出符合人体结构的服装。下肢外形、骨骼、肌肉，如图 2－20 和图 2－21 所示。

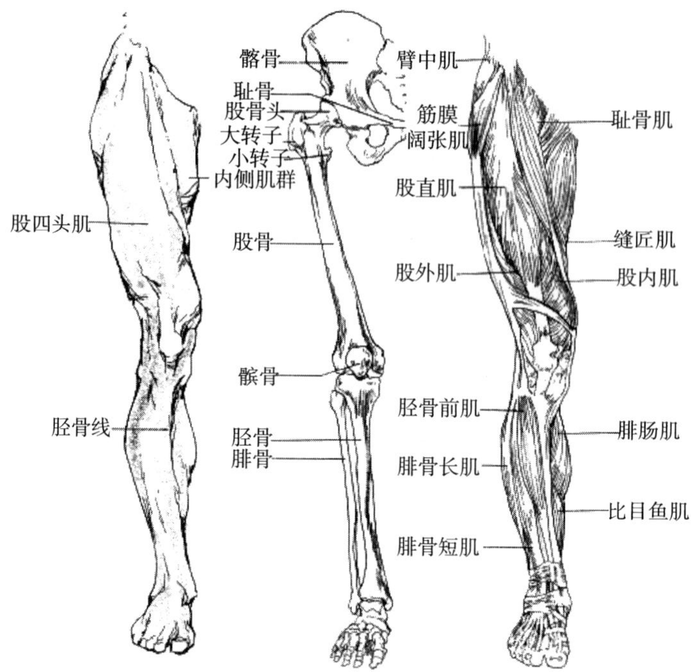

图 2－20　下肢外形、骨骼、肌肉（正面）

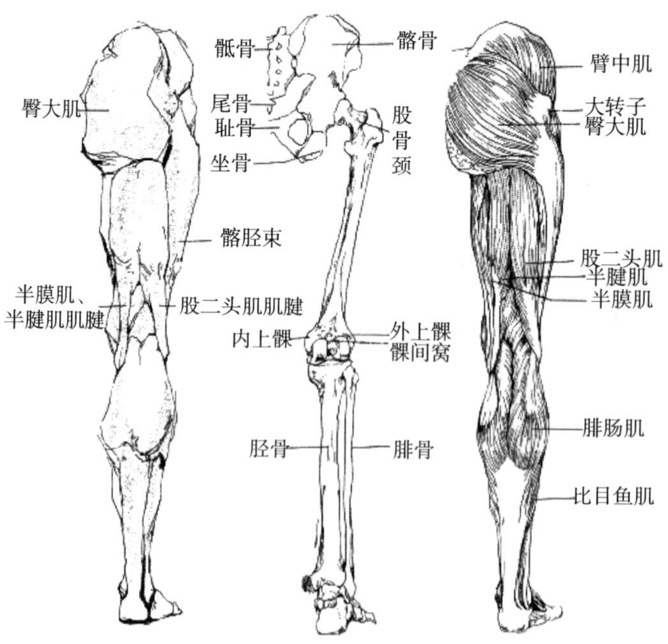

图 2－21　下肢外形、骨骼、肌肉（背面）

（二）人体下肢结构与服装设计

下肢在服装设计中的功能区主要包括以下四个区域，如图 2－22 所示。

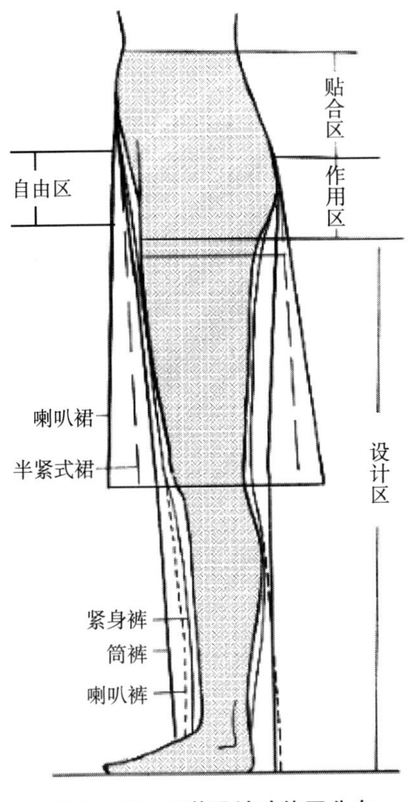

图 2－22　下装设计功能区分布

1. 贴合区

贴合区是研究合体性的重要部分，是指由裤子、裙子等上部通过收腰而形成的密切贴合区。在设计下肢服装部分时，需要注意此处功能的特点。

2. 作用区

作用区是裙子或裤子功能运动的中心部分，包括臀沟和臀底容易偏移的部分。

3. 自由区

自由区是裆部自由造型的部分，主要用于臀底剧烈偏移调整。

4. 设计区

设计区是主观造型的部分，主要用于裤子和裙子的外观设计和颜色搭配等。

总之，在设计服装的下肢部分时，需要依据人体腰臀部的特点和结构，对人体下肢各个区域进行相关设计，重点设计上述四个功能区，使之可以满足人的生活、工作和运动的需求。

第二节 人体形态和服装结构

人是服装的载体，服装美需要人体来表现。人体静态与动态特征不仅影响服装松量的确定，而且对服装结构设计基本原理的形成与应用起着决定性作用。

一、省道设计

省道是服装造型手段之一，它的主要作用是使二维的面料能根据三维的人体来进行造形塑造。人体体表是凹凸起伏的曲面，尤其女性身体曲线更为明显。为了更好地表现人体，使面料与人体、体表相贴合，必须对多余的面料做一定量的折叠，从而形成省道。如图 2－23 显示了省的形成（二维）示意图。

省尖点一般指向人体的凸点或凸起区域，起余缺的作用，如指向胸乳点、臀凸、腹凸、肩胛凸、肘凸等。省的缺口是人体的凹处，省量大小取决于人体各截面围度落差及服装不同的贴体要求。围度落差越大，服装要求越贴体，省道量越大；反之，省道量越小。省道的长度与人体凸点与凸面的位置有关，如胸围线、腰围线、臀围线是人体曲线在服装纸样中最直接的反映，在省道拉长的过程中，胸围线、臀围线是省长设计的极限，腰围线则是服装纵向省道量最大的地方。

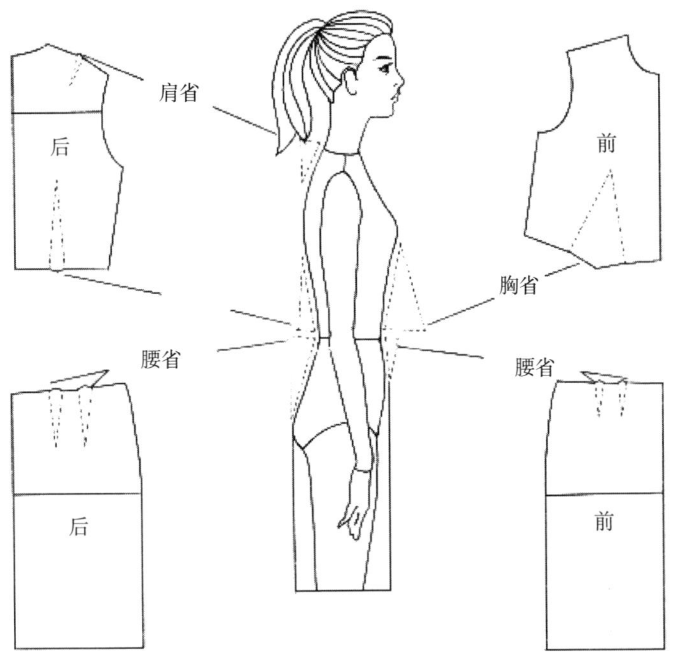

图 2-23　省的形成（二维）

胸省是女装设计中应用最广泛、最复杂的省道，在设计过程中，可围绕胸乳点对胸省进行分解与转移，形成不同位置的省道，即腰省、侧省、袖窿省、肩省、门襟省和领口省。不同部位的省道虽都起到合体的作用，但对服装外观造型有着不同的影响。如肩省更适合于胸部较丰满的体型，而侧省更适合于胸部较扁平的体型，胸部丰满的程度是胸省量大小的决定因素之一。女性体型分平胸体、标准体、挺胸体、屈身体等，而且不同服装风格对女性曲线身材强调也有所不同，因此，对胸省量的大小、胸省位置等均有不同的要求。平胸体的胸点位置偏高，省尖位置偏高，胸省量较小；挺胸体则相反，省尖位置偏低，胸省量较大。胸部扁平时，要对胸省进行分解处理，胸省量取值较小，服装偏重较宽松或宽松风格。如图 2-24 显示了省的形成（三维）示意图。

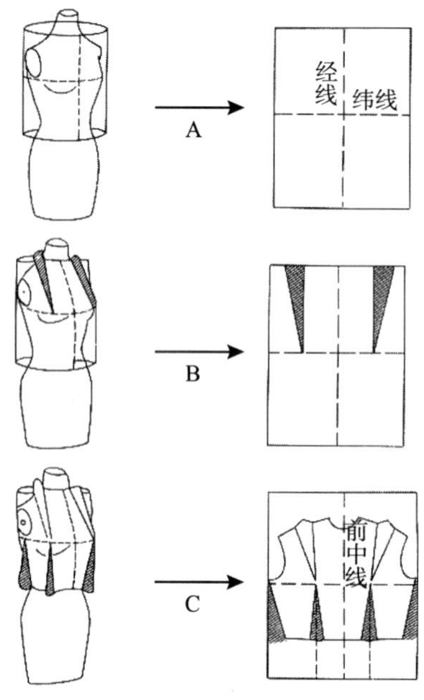

图 2-24　省的形成（三维）

二、裙子结构设计

裙子设计中最主要的除了省道设计与开口设计外，还有裙后中线的起翘设计。对比中式与美式裙子标准基本纸样，美式纸样中裙后翘 1.3 厘米，而中式纸样中不仅无起翘，还下落了 1.5 厘米。这两种设计方法的不同，直接影响了后中线长度，美式裙子后中线比前中线长，而中式裙则相反。这种结构的不同与中美女性体型差异相关。人体臀凸靠下、腹凸靠上，裙子穿在身体上后，裙腰线会呈现前高后低的状态。美国女性臀大肌普遍比中国女性丰满，若要使原本不水平的裙腰修正为水平，必须将后中线修成与前中线水平甚至要高出一些才能达到臀部与水平状态裙摆的平衡。

三、裤子结构设计

裙装与裤装都是对人体腰围线以下部分的包覆，风格的实现主要通过腰、臀放量、省位确定、省量分配这些过程来完成。但裤装有着不同于裙装的前后裆弯结构，对人体腹臀部进行包覆。从人体前后体形对比来看，臀凸点较腹凸点靠下；同时从人体屈大于伸的运动规律来看，后小裆宽要较前小裆宽大，因此，后裆弧线长大于前裆弧线长。

除了裆弯结构之外，裤装在后中线的处理上也存在着不同于裙装的特性。中式标准裙子基本纸样不仅无后翘结构，而且在后中线处下落 1.5 厘米；而裤装不仅有明显的后翘结构，而且后中线保持一定斜度，起到了使后中线和后裆弯总长增加的作用，以利于人体的前屈动作。后中线翘度的大小取决于臀部结构的挺度，挺度越大，后中线斜度越大，后横裆宽度越大，后中线翘度越大；挺度越小，后中线斜度、后横裆宽度、后中线翘度则越小。女裤纸样示意图如图 2－25 所示。

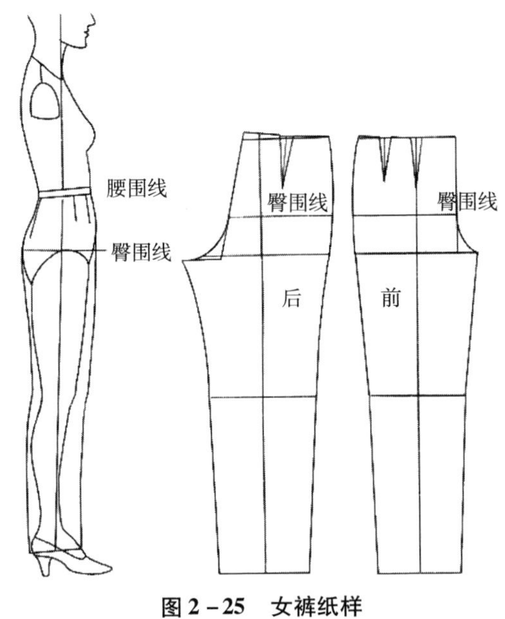

图 2－25　女裤纸样

四、细节结构设计

（一）口袋

口袋是服装细节结构中最主要的部件，根据袋口位置可分为胸袋与腰袋，上衣中的腰部口袋与下装中的口袋都属于腰袋。口袋的大小、位置也必须从人体工程学的角度出发进行设计。

口袋以掌围尺寸为依据，考虑不同功能来确定其袋口大小。例如，腰袋应使手可插入，则袋口尺寸必须大于掌围；而胸袋一般多用于放手绢等装饰，因此，袋口要偏小些，一般男装胸袋净尺寸为 9 厘米，女装为 8 ~ 10 厘米。胸袋位置一般以胸围线与前胸宽线为基准，距前胸宽线 2.5 厘米左右，结合服装造型需要进行设计。胸袋角度一般在水平线近袖窿处翘起 1.5 厘米左右，这样设计既美观，又方便插物。

腰袋位置与角度对方便性影响较大。设计时要考虑整件衣服的平衡，上装腰袋高低以腰节线为基准，短上衣向下 5 ~ 8 厘米，长大衣向下 10 ~ 11 厘米。袋口的前后位置以前胸宽线向前 0 ~ 2.5 厘米为中心，做适当倾斜。

（二）拉链

在服装设计中，拉链作为常见的辅助用品，其设计也是十分重要的一环。

1. 形状与长度

根据服装的设计风格和需要，选择合适的拉链形状和长度。例如，有些服装需要使用藏型拉链，以保证整体外观美观；而有些服装则需要更长的拉链，以便穿脱。

2. 颜色

为了使拉链和服装整体协调，需要选取和服装颜色相近或相同的拉链。也可以选择对比色的拉链，增加服装的设计感。

3. 位置

拉链的位置需要根据服装的款式和设计要求来确定。例如，有些服装需要在侧面或后面设置拉链，以避免破坏整体的视觉效果；而有些服装则需要在正面或肩部设置拉链，以增加设计感。

4. 材质

拉链的材质也是需要考虑的因素。常用的拉链材质包括尼龙、金属、塑料等。不同材质的拉链，除了在视觉效果上有所不同外，在质感、手感等方面也有区别。

（三）门襟

门襟是指衣服前部开口的部分，主要用于穿脱衣物。门襟可以分为纽扣门襟、拉链门襟、魔术贴门襟、系带门襟等。

纽扣门襟是一种常见的门襟设计，适用于各种款式的衣服。纽扣门襟的设计可以根据服装的整体设计进行变化，例如，可以选择不同形状的纽扣、调整纽扣的数量和排列方式等。

拉链门襟通常用于外套或者运动服装等，可以实现开合自如和快速穿脱。拉链的长度和材质可以根据服装的用途和款式进行选择。

魔术贴门襟常用于运动装或者儿童装等，其优点在于方便快捷。魔术贴的尺寸和强度可以根据服装的需要进行调整。

系带门襟可以根据服装设计的需要进行变化，如可以将系带设计成腰带的样式，或者将系带藏在衣服内部以减少视觉干扰。

五、特殊体型与服装结构

所谓的“量体裁衣”，在一定程度上反映出设计者对人体体型的重视，只有仔细分析体型的特殊性，找出特殊体型与正常体型的差异性所在，才能有针对性地裁制适体的服装。

（一）影响上装设计的特殊体型分析

人体肩部、胸部、背部与腹部结构直接影响上衣的结构设计，在衣长较长的款式中，臀部造型也对服装结构有很大的影响。常见的影响上装设计的特殊体型主要有平肩、溜肩、高低肩、高肩胛骨、平胸驼背等，常见的几种体型如图 2－26 所示。

表征肩部形态最重要的指标是肩斜角度，一般女性正常肩斜角度为 19°～22°。肩斜角度大于 22°，两肩微塌，称为斜肩或溜肩；肩斜角度小于 19°的称为平肩。平肩体穿着一般正常体型的较贴体及贴体服装时，肩缝靠近侧颈点处起空，止口豁开，袖子前后都有涟形，后身背部有横向皱纹。溜肩体则正好与平肩体相反，穿上正常体型的服装后，外肩缝会起空，外肩头下垂，袖窿处出现明显斜褶。还有些特殊体型，左右两肩高低不一，其中一肩正常，另一肩低落，称为高低肩，穿上正常体型的服装后，低肩的下部会出现褶皱。

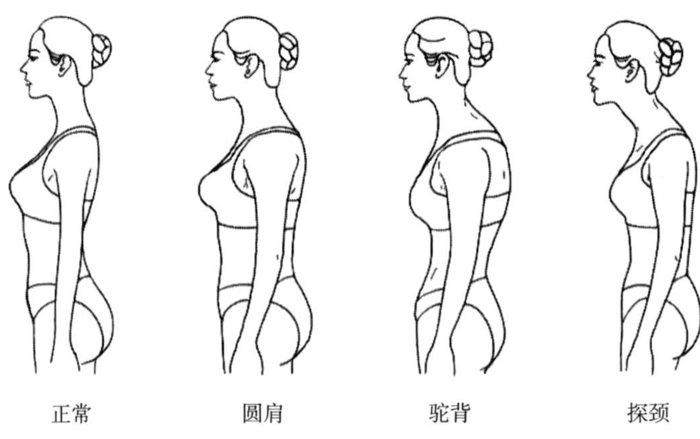

图 2－26　人的体型（女性为例）

人体躯干上部的特殊体型主要表现为挺胸、驼背及挺胸凸肚等。挺胸体的人体胸部前挺，饱满突出，后背平坦，头部略往后仰，前胸宽，后背窄，穿上正常体型的服装后，前胸绷紧，前衣片显短，后衣片显长，前身起吊，搅止口。驼背体型人体背部突出且宽，头部略前倾，前胸则较平且窄，穿上正常体型的服装后，前长后短，后片绷紧起吊。凸肚体腹部明显的人，穿上正常体型的服装后，前短后长，腹部紧绷，摆缝处起涟形。凸臀体臀部丰满凸出的人，穿上正常体型的服装后，臀部绷紧，下摆前长后短，衣服下部向腰部上缩，后背下半段吊起。

（二）影响下装设计的特殊体型分析

臀部、腿部与腹部是影响下装设计的主要部位。以西裤为例，平臀体型臀部平坦，穿上正常体型的西裤后，会出现后缝过长并下坠的现象。凸臀体与其相反，臀部丰满凸出，腰部中心轴倾斜，穿上正常体型的西裤后，臀部绷紧，后裆宽卡紧。落臀体臀部丰满位置偏低，穿上正常体型的西裤后，后腰中缝下落，后腰省不平服，出现横向涟形，后臀部过于宽松，出现多余褶皱。凸肚体型腹部突出，臀部并不显著突出，腰部的中心轴向后倒，穿上正常体型的西裤，会使腹部绷紧，腰口线下坠，侧缝袋绷紧。几种臀部形态如图 2－27 所示。

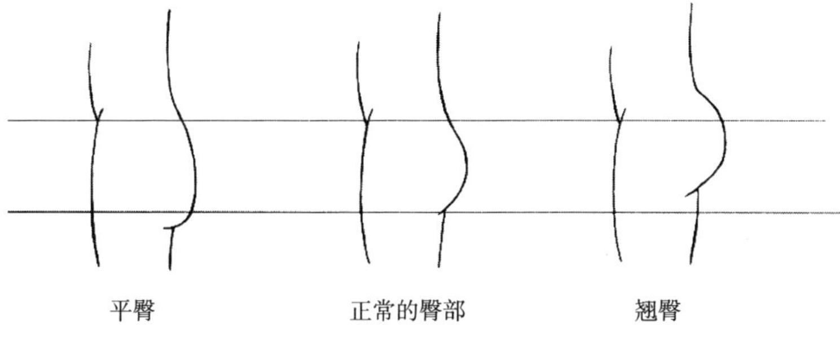

图 2－27　几种臀部形态

腿部的特殊体型较为常见的是 O 形腿和 X 形腿。O 形腿又称罗圈腿、内撇脚，其特征是臀下弧线至脚跟呈现两膝盖向外弯、两脚向内偏，下裆内侧呈椭圆形，穿上正常体型的西裤，会出现侧缝线显短而向上吊起，下裆缝显长而起皱，并形成烫迹线向外侧偏等现象。X 形腿或称八字腿、豁脚，其特征是臀下弧线至两膝盖向内并齐，立正以后在膝盖部位靠拢，而踝骨并不拢，两腿向外撇，呈八字形，穿上正常体型的西裤，会使下裆缝因显短而向上吊起，侧缝线则因显长而起皱，裤烫迹线向内侧偏。

（三）依据特殊体型的服装结构设计

通过对特殊体型的分析，下面将以下几类特殊体型为例论述服装结构补正的基本方法与过程，如图 2－28 所示。

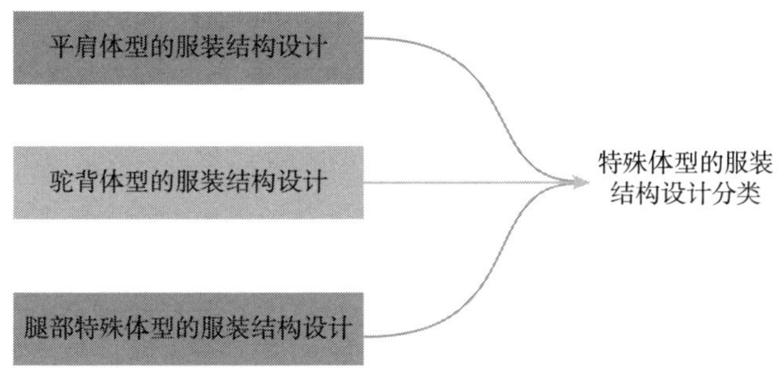

图 2－28　特殊体型的服装结构设计分类

1. 平肩体型的服装结构设计

平肩体型穿着正常服装后出现的问题主要是由衣片的肩斜度与人体实际肩斜角度不一致造成的。因此，在进行结构补正时，首先要测量肩缝与上平线的夹角，得知平肩的程度。将肩缝改平，以适合平肩体型，同时开落领圈，前直开领长度不变，后直开领适度下落，待后领脚翘起的毛病消除为止。前片外肩缝拔开，使肩骨不顶住衣片。最后在贴边长度允许的前提下、加长底摆，以达到原来的长度。另外，对于平肩体型来说，垫肩使用时宜薄，如原来 1.5 厘米的垫肩，可改为 0.8 厘米，以适应平肩体型。

2. 驼背体型的服装结构设计

驼背体型较正常体型背部宽，后腰节长，袖窿前移。因此，在设计时要根据这一基本原则，将后颈点、后侧颈点上移，加长后腰节。同时由于驼背体除脊柱弯曲外，一般还伴有肩骨突出，因此可以放出肩缝，归缩成弧状，严重时可收肩省。对已完成的成衣来说，缝头较少，肩部不可能有很多加放空间，因此，开落袖窿线，增长后袖窿深度，并将腰线处同步下移，后片底摆处相应放出，同时归拢腋下部位，使弯曲的驼背较为舒适。由于后肩部位较肥，因此放出大袖片的后袖山弧线，小袖片同步放出，使抬手运动更加方便。

3. 腿部特殊体型的服装结构设计

O 形腿体型穿着正常体型西裤时，最主要的是挺缝下段呈斜向涟形，前挺缝线不能对准鞋尖，脚口不平服，向外荡开。处理时，在髌骨位置将纸样做横向剪切，固定内缝线上的点，将下段旋转展开，确定新的挺缝线。X 形腿与 O 形腿正好相反，脚口向里荡开，由于裤内缝线长度不足，因此，在髌骨位置将纸样做横向剪切，固定侧缝线上的点，将下段旋转展开，确定新的挺缝线。

体型特殊部位不同，服装款式不同，服装结构的补正方法也有所不同，需结合具体情况，仔细判断分析，确定补正的具体部位与用量，以使制成的服装适合特殊的人体。

其中，溜肩、高低肩等肩部特殊体型可参照平肩的处理方法；挺胸、凸肚体或其他复合特殊体型等可参照驼背体型的处理过程，对前长进行加长；凸臀、平臀、凸腹等特殊体型可参照臀高型与臀低型裤子后中线翘度变化这一结构设计原理分别对后长、前长等进行设计。

第三节 服装设计与人体生理

除了人体的身体结构和形态特征外，在设计服装时也不能忽视人体的生理因素，如体温、触感、皮肤、新陈代谢等因素都会影响人体对服装的切身感觉，会在一定程度上影响服装设计的整体效果。因此，服装人体工程学必须考虑人体生理的因素。

一、人体生理

（一）体温

1. 体温及体温调节机构

（1）体温的概念。体温是衡量人体冷热程度的量。正常情况下，人体的体温不会发生巨大的变化，即使外界气温发生骤减或骤增，体温也会通过人体的产热或散热达到平衡。体温是指身体内部的温度，身体各部位的温度也存在差异，如直肠温度为37.5℃左右，腋窝温度为36.5℃左右，口腔温度介于腋窝温度和直肠温度之间[①]。

（2）体温调节机制。体温调节机制的作用是减少身体内部重要器官的温度变化，即维持体内温度稳定，保证体温调节中枢处于正常的调定点。

在寒冷的冬天，如果服装并不能御寒，让皮肤受到了寒冷的刺激，感觉神经就会将这个冷的信号传递给体温调节中枢，皮肤就会作出回应，如皮肤血管收缩、颤栗等；在炎热的夏天，人体皮肤在太阳的照射下温度会

① 朱文玉. 人体生理学学习指导［M］. 北京：北京医科大学：中国协和医科大学联合出版社，1998：107.

升高，皮肤受到热的刺激，感觉神经便会将热的信号传递给体温调节中枢，进而表现为周身血管扩张，皮肤血流量增加，这时身体会通过出汗来加速散热以达到温度平衡。

2. 能量代谢

能量代谢过程是人们从食物中摄取营养，在体内经化学分解（燃烧）变成能量的过程，所生成的能量称为能量代谢量。其中约有30%变成化学能、机械能、电能，用于肌肉收缩、组织增殖，余下的大部分将变成热量产生体热。

基础代谢是指肺机能、肾脏、大脑、心脏等维持生命必需的基本能量代谢，与体表面积成比例关系。能量代谢计算公式为：能量代谢率（RMR）=（作业时的代谢量－安静时的代谢量）/基础代谢量。

表2－1列举了人体在各种活动状态下的RMR。

表2－1　人体各种活动状态下的RMR

作业	RMR
读书	0.1
做笔记	0.3
裁缝	0.3
吃饭	0.4
画图	0.5
洗澡	0.7
理发	0.9
打字	1.4
炊事	1.5
散步	1.5
洗衣	1.7
插秧	2.7

续表

作业	RMR
上楼梯	6.1
快速走路	8.0
长跑	14.5
1000 米赛跑	16.7
100 米赛跑	208.0

（二）皮肤

1. 皮肤与紫外线

紫外线对皮肤有一定的保健作用，如预防佝偻病、杀菌、消毒等，但这是有条件的，紫外线只有在一定量的情况下才能达到此种效果，一旦过量，就会导致很多副作用，如皮肤起皮、长斑、晒黑等，严重的会引起水泡。针对紫外线的危害，防紫外线服装应运而生，此种服装可分为吸收型和反射型两种。

2. 皮肤温度

（1）皮肤温度的测定方法。测定皮肤温度的方法可以分为非接触式和接触式两种。

接触式方法是指用热电偶温度计或热敏电阻温度计贴于待测皮肤表面，测得皮肤温度；非接触式测定方法是指利用温度记录器和放射温度计来测定。此外，还可以利用红外热成像仪来获得完整而连续的皮肤温度分布图。

（2）平均皮肤温度。平均皮肤温度是指分布于全身的基于若干点的皮肤温度的平均值，即为体表不同部位的皮肤温度与该部位占体表面积百分比的加权平均值。

不同温度下，男女的平均皮肤温度是不同的。一般情况下，男子的体表温度要高于女子，因此平均皮肤温度也比女子高，如表 2－2 所示。

表 2-2　　不同温度下男女平均皮肤温度　　单位：℃

气温	裸露时		穿衣时	
	男	女	男	女
15	26.3	25.8	30.4	29.0
20	29.1	28.3	32.1	30.7
25	31.0	32.6	32.8	31.9
30	32.6	32.2	33.3	32.6

（3）体表面积。在服装环境学中，计算平均皮肤温度、人体平均体温等时需要体表面积变化、出汗面积、衣服压迫面积和露出面积等数据资料。体表面积可以通过测量得到，如石膏带法。身体各部位的皮肤面积对总体表面积的百分率一般为：头部 10.3%、上肢部 19.3%、躯干部 24.1%、下肢部 46.3%。

体表面积的获得除测量法外，还可用公式计算。

根据身长计算体表面积：

$$A = 0.63 \times H^2$$

根据体重计算体表面积：

$$A = 3.68 \times W^2$$

根据身长和体重计算体表面积：

$$A = W^{0.425} \times H^{0.725} \times 72.46 \text{（高比良公式）}$$

$$A = W^{0.425} \times H^{0.725} \times 71.84 \text{（DuBois 公式）}$$

$$S = 5.4\sqrt{G \cdot H} \text{ 或 } S = (G \times 2/3) \times 11.5 \text{（新谷公式）}$$

其中，A 及 S 表示体表面积，单位为平方厘米；W 和 G 表示体重，其中 W 单位为千克，G 单位为克；H 表示身长，单位为厘米。

3. 肤觉

肤觉是指皮肤感觉，是皮肤因为受到外界刺激而产生的各种形式的感觉，包括冷暖觉、痛觉、触觉，以及由基本感觉综合衍生的刺痒觉、软硬觉等。

触压觉是指由非均匀分布的压力作用在皮肤上引起的皮肤感觉。触觉是指外界刺激接触皮肤表面而使皮肤发生轻微变形而形成的皮肤感觉；压觉是指外界刺激接触皮肤表面而使皮肤发生明显变形而产生的皮肤感觉。

皮肤不同部位的触觉感受是不一样的，按照触觉感受性的高低，依次排列为鼻部、上唇、前额、腹部、肩部、小指、无名指、上臂、中指、前臂、拇指、胸部、食指、大腿、手掌、小腿、脚底、足趾。

4. 出汗

汗腺分泌汗液的活动称为出汗，出汗是人体散热的有效途径，是减少体内淤热的重要体温调节反应之一。根据引起出汗的原因，一般可分为温热性出汗、精神性出汗及味觉性出汗三类。温热性出汗是由环境气温上升或人体剧烈运动而产生的；精神性出汗是由精神兴奋、紧张、恐惧而产生的；味觉性出汗则是由饮食的酸、辣、烫的刺激而产生的。

二、服装与人体生理的关系

服饰和人体生理存在着一定的关系，需要适应人体生理的相应特点才能制作出合适的服装，如服装需要适应人体结构、适应生理机能、适应人体体态等，下文将从人体结构和生理两方面阐述服装与人体生理的关系。

（一）服装需要适应人体结构

从服饰生理学的角度来看人体结构，不会细微到每一个细胞，但是可以做到对结构的外形如肌肉、皮肤、运动系统等了如指掌。服饰生理学要求对人体不能只停留在外部形体上，更要掌握其内部结构及其生理机制与反应，特别是千变万化的形态，下面以骨骼和关节为例阐述服装需要适应人体结构的特征。

1. 骨骼

服饰适应人体结构，是从适应人体骨骼结构开始的。人体骨骼的正面、侧面与背面如图 2 –29 和图 2 –30 所示。

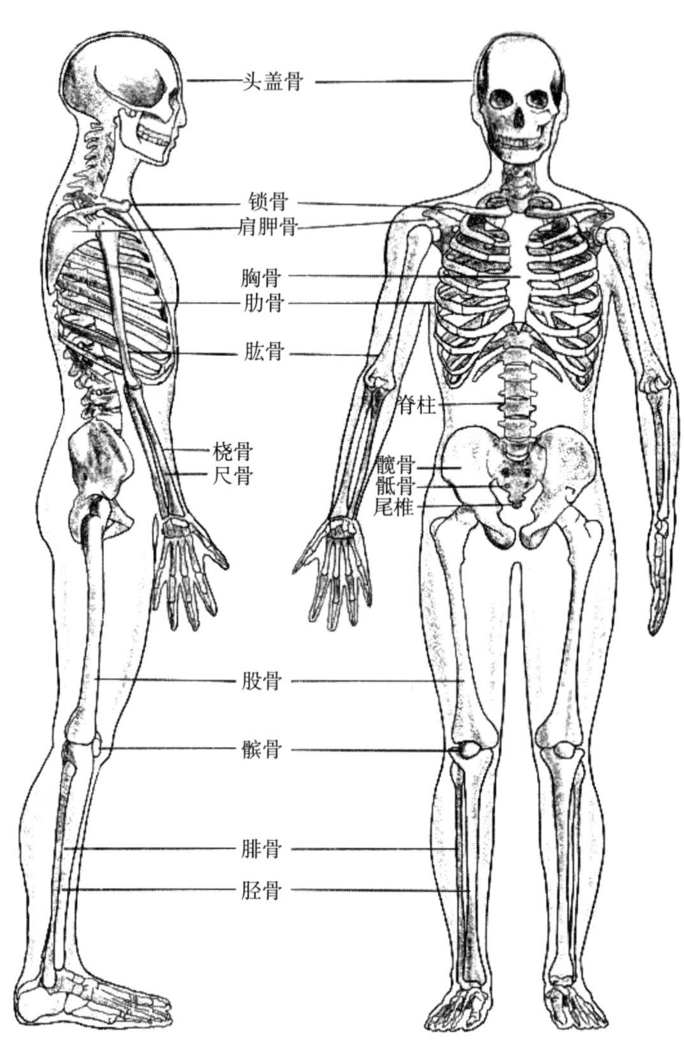

图 2－29　人体骨骼（正面、侧面）

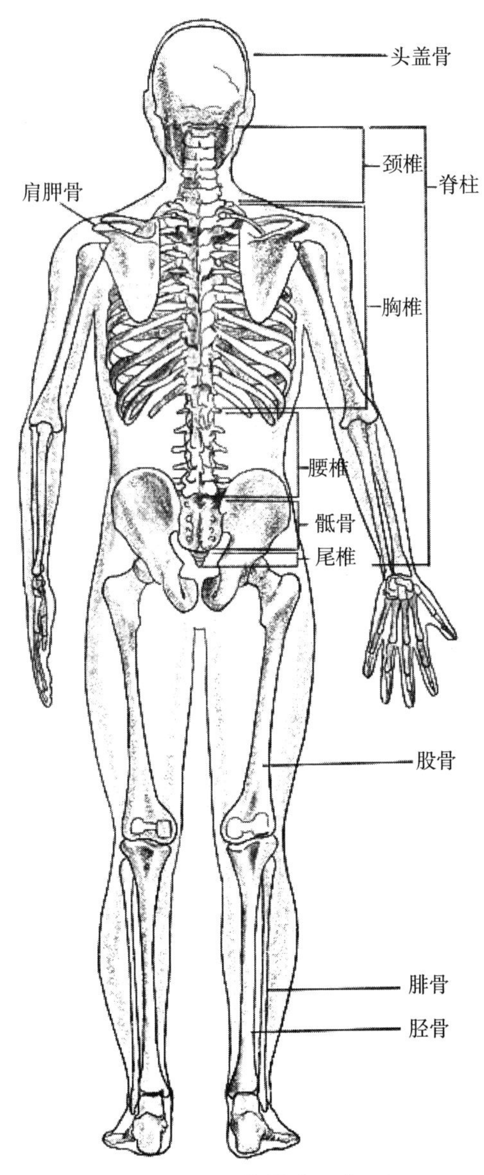

图 2－30　人体骨骼（背面）

（1）骨骼特点。人体骨骼是组成人体骨架的一系列骨头的总称，大致分为四个部分：头部骨骼、躯干骨骼、上肢骨骼和下肢骨骼。

人体共有206块骨头，其中有颅骨29块、躯干骨51块、四肢骨126块[①]。

头部骨骼包括颅骨和下颌骨。颅骨是头骨的主要组成部分，它由多个骨头组成。颅骨分为颅顶骨、颅底骨和颜面骨。颅骨的主要作用是保护脑部和感官器官。下颌骨是唯一可以活动的头部骨骼。它是人类颅骨中最大、最强壮的骨骼之一，由左右两块下颌骨组成。下颌骨的主要作用是支撑牙齿和咀嚼食物。

躯干骨骼是由脊柱、胸廓和骨盆三部分组成。躯干是人体结构最大的基础体块，它由脊椎连接胸廓和骨盆构成躯干形体。它的外形特征明显反映了男女性别差异，因此研究躯干的内部结构和外形关系对画好男女两性人体及服装、设计、制图都有很大的作用。

上肢骨骼包括上肢带骨和自由上肢骨两大部分。上肢带骨包括锁骨和肩胛骨，自由上肢骨包括臂部的肱骨、前臂部并列的耻骨、桡骨及手的8块腕骨、5块掌骨和14节指骨。

下肢骨骼包括下肢带骨和自由下肢骨。下肢带骨即髋骨，自由下肢骨包括股骨、髌骨、胫骨、腓骨及7块跗骨、5块跖骨和14块趾骨。

（2）服装和骨骼的关系。骨骼是人体的基础支撑结构，它决定了人体的外形和姿态。服装的设计需要考虑穿着者的骨骼结构，以便更好地贴合人体，营造出完美的穿着效果。如果将人体看作衣服架子，那么其中的骨架就是骨骼了，如此，骨架的重要性也就不言而喻了。

要想将衣服穿在人的身上，首先要考虑如何将人的头放在适当的位置，这就需要在上衣处挖出一个领口，领口的形状受头部骨骼形状的限制，一般都会选择圆形方便头部的钻入和钻出，即使看起来是方形的帽子，但实际与头部接触的地方，仍然要考虑用圆形。

躯干占据人体的最大部分，从解剖学骨骼结构的关系划分，躯干骨主要由脊柱和胸廓组成，并且整体呈扁形圆柱状，服饰需要与其结构相适应。因此设计出的服装不管是披挂式还是缠绕式的，都不允许为方形，配饰也大多戴在颈部锁骨之上或者是腰椎部、肋骨和髋骨之间，这也是由于

---

① 郭琦，葛英颖，王丹等．服装人体动态及着装表现1000例［M］．上海：东华大学出版社，2016：8.

骨骼结构的特性可以使得配饰不易掉落。

2. 关节

（1）关节的特点。人体的骨骼是一段一段通过一定的连接形成的整体的骨架，这种连接包括活动连接、不动连接和微动连接，其中关节便是活动连接。

人体的主要关节，在上肢有肩关节、肘关节、腕关节；下肢有髋关节、膝关节、踝关节；头部有下颌关节。由于各关节的关节面形状不同，所以不同的关节在运动的范围和方向上也不相同。

（2）服装和关节的关系。关节是活动连接，这也意味着在服装设计时需要考虑关节部位的活动范围。上衣需要考虑肘部的造型、肩部的造型，下装需要考虑踝关节、髋关节、膝关节等的造型，这对于服装符合人体的结构相当重要。

考虑肘关节和肩关节还要向前屈伸，因此，在设计袖部和上衣肩部的时候需要考虑袖窿处，后片要比前片宽，袖子的外侧片也要比内侧片宽。下肢髋关节向前屈伸，而膝关节则向后屈伸，这就使得下装中裤子的前后片也要相应调整，以不阻碍关节的正常运转。

关节可以活动，但关节的转动方位不会变。因此，服装造型在适应人体结构的关节部位时，造型设计的取向是一致的。

（二）服装需要适应生理机能

人体的生理机能包括很多，服装适应生理机能一般可以从听觉、视觉、嗅觉、触觉、味觉等方面入手，下面将以味觉和触觉为例阐述服装需要适应生理机能的特征。

1. 味觉

（1）味觉的特点。味觉的感受器是味蕾，分布在舌头背面的乳头状凸起等部位。味蕾中有味细胞，味细胞末端有纤毛，叫作味毛，从味蕾的中央——味孔伸出。味觉神经的兴奋经面神经和舌咽神经传到大脑半球外侧面的味区，产生味觉。

（2）服装与味觉的关系。服装和味觉听起来相差甚远，其实二者之间存在一定的联系。如喀麦隆的甸芒德姆的水果头饰就可以食用，入口便会产生味觉；日本科学家也发明出了可以食用的衣服，他们用优质的偏碱性蛋白质、氨基酸、果酱等，辅以钙、铁、镁等多种微量元素，一般提供给登山探险人员、远洋航海、野外勘测人员穿用，一旦出现断粮的情况，衣服就可以当成食物吃掉。

现如今与味觉最为联系紧密的便是婴儿服，婴儿经常会咀嚼婴儿服的袖口、领口、前胸处，这是一种人类的本能反应，于是婴儿服便做到了面料无恶味、无污染，以避免引起婴儿生理的不良反应。

2. 触觉

（1）触觉的特点。触觉一般包括体感和手感，都是受到了外部刺激后引起的感觉。其中体感重点指身体的皮肤受到刺激后，产生的感受汇集起来传达给大脑半球的“躯体感受区”；手感是指手指尖部末梢神经的感觉传达给大脑，二者一并称为触觉。

（2）服装与触觉的关系。对于当今时代的自然人来说，对于服饰所带来的触觉是既敏锐又挑剔的，服饰的粗糙、沉重带来的触觉都会使人感受到不愉悦的情绪，违背了人的生理快感。

上有首服、头饰、发型，中有主服，下有足服，以及各种配饰和随件，将人的全身都包裹得严严实实，不管服饰的哪一部分都会给人带来触觉，形成刺激，甚至会影响到生理快感或者反感的产生。

第四节　服装设计与人体卫生

在进行服装设计时，人体卫生也是设计者应当考虑的因素之一，如果服装的材料容易受到污染、具有辐射问题等，那么很容易对人体造成生理和心理上的伤害，进而失去服装设计的初心。

一、服装污染与皮肤卫生

服装被穿在身上，就会接触到自然环境，很容易受到人为或者是自然的环境污染，进而使得皮肤受到污染。为此，下文将从服装污染特点以及服装污染与皮肤卫生的关系进行分析。

（一）服装污染特点

服装污染一般被分为外部污染和内部污染，两者都会对服装产生一定的影响并进而污染皮肤状态。

1. 外部污染

外部污染是指空气中的食品污渍、油烟、尘埃、化妆品、浮游物等对服装污染而反作用于皮肤。服装材料有着自己固有的物理性质，不同量的污染在不同面料上的反映都是有差异的，例如，在表面绒毛多的面料上，对尘埃的吸附量就比光洁平滑的面料大得多。一般来说，毛尼料由于含有多个反映活性基，污染量大于蛋白质纤维的丝绸，而丝绸又大于含有氨、苯等化学物质的尼龙。

2. 内部污染

内部污染是指由皮肤分泌物，如表皮屑、汗、水分、脂肪等造成的污染。人体所分泌的污染量会因为各部位的生理机能不同而出现差异，从脂肪性污染量来说，颈 > 背 > 肩胛 > 胸 > 腰腹 > 大腿。污染量还会受到季节变化的影响，夏季大于春秋，春秋大于冬季。

（二）服装污染与皮肤卫生的关系

在内部和外部的污染相互作用下，会产生微生物污染，这也是服装污染皮肤的一个方面。服装一般覆盖于皮肤上，会直接接触皮肤产生的汗液、皮脂、水蒸气及皮屑等，这些皮肤产物会被服装吸收，一旦服装不及时进行卫生清理，就会在服装中被分解，这也为细菌繁殖提供了适宜的场所，长此以往便会诱发皮肤病变。因此，尤其是在夏季高温高湿的条件下，一定要及时清洗服装，并且让面料适应多次洗涤。

二、服装材料与皮肤障碍

服装一般都是覆盖在人体皮肤上，特别是贴身衣物，它们直接接触皮肤，因此选材用料都需要十分谨慎，不然会出现服装伤害皮肤的情况。

（一）皮肤障碍的出现

皮肤因为服装材料的原因出现障碍，这一般与纤维制造过程中使用的化学物质及其整理过程中的助染剂、染料有关，如常用于劳防服的维尼纶制造中含有甲醛，甲醛接受皮肤汗水作用后，会游离于纤维而刺激皮肤进而引起皮炎。

很多服装产品在生产加工时，为满足对柔软性的要求，会在整理过程中加入脂肪酸、硫酸脂、多元醇等化学成分，一旦其从纤维中游离，接触到皮肤便会产生一定的刺激性，进而伤害皮肤。

（二）服装材料中的污染内容

常见的污染内容以染色过程为例，对皮肤有污染的内容有：分散染料、酸性染料、还原染料、碱性染料。它们有一个共同成分，那就是氨基（$-NH_2$），这对皮肤并没有益处。人们通过肉眼可以判断氨基的含量，一件服装色彩纯度越高、色彩越艳，所含氨基也就越高，如宝蓝、明黄、藏红、孔雀绿等。因此，在内衣的色彩设计上，要注意尽量回避高纯度的明艳色调及深色系。

三、辐射关系与皮肤卫生

辐射关系与皮肤卫生指太阳辐射、热辐射对服装传热后的效应，它涉及皮肤温度的升降与散热问题。服装遮挡在皮肤表面，可以有效成为辐射的防护物，服装改变了皮肤暴露于环境的问题，充当了皮肤和环境之间接触的替代品，因而也就改变了人体的辐射关系。

（一）服装色彩与辐射

服装色彩对辐射有不同的折射作用，不同的颜色折射强弱程度不同。消防服就是利用服装色彩折射程度不同，选用银色对辐射产生高反射这一特性，采用银铝箔织物来反射热辐射。表 2－3 展示了服装颜色与热吸收率的关系。

表 2-3　服装颜色与热吸收率的关系

服装颜色	热吸收率（%）
白色	100
黄色	165
青色	177
灰色	188
绿色	194
粉红色	194
红色	207
紫色	226
黑色	250

（二）服装材质和辐射

结构越紧密的材质，对辐射的作用就越大，反之就越小。服装表面状态也与热射线的反射、吸收有关。表面光滑反射大，表面粗糙反射小。缎纹组织由于浮纱多、起毛少，表面光滑，热反射大，而起毛织物、起皱织物由于表面粗糙，热反射小。

第三章
CHAPTER 3

服装人体工程学与人体测量系统*

在设计人体服装时，要想使得服装真正贴合人体结构，就必须掌握和测量人体的相关生理数据。

本章主要介绍人体形态与尺寸测量、人体测量技术及其运用、服装生理心理属性测定、人体工程学与服装规格尺寸制定等基础知识，旨在帮助读者掌握测量人体各类数据的方法和技巧，进而设计出符合人体工程的服装。

第一节　人体形态与尺寸测量

人体形态与尺寸测量是设计服装的基础和前提，如果设计者不了解人体形态、不能掌握人体尺寸测量的相关方法和技巧，那么设计出符合人体需求的服装无异于天方夜谭。

一、人体形态尺寸测量要求

人体形态与尺寸测量是服装人体工程学的重要内容，为满足服装合

* 本章图片均由笔者自行绘制。

身、舒适、提高人体机能的工学要求，需要有确切的人体测量来为服装创造作保证，否则不可能使人体与服装合理地匹配。

人体尺寸有两类，一类是静态尺寸（人体结构尺寸），另一类是动态尺寸（功能尺寸）。一般人体测量尺寸以静态尺寸为主，有以下一些测量要求。

（一）基本形态

被测时要求人体采用立姿或者坐姿。

1. 立姿

被测者站立状态下平视前方、挺胸直立，肩部松弛，上肢自然下垂，手臂伸直轻贴躯干，左、右脚尖分开呈45°，脚跟并拢。

2. 坐姿

被测者坐姿状态下需要挺胸坐在被调节到腓骨头高度的座椅平面上，平视前方，左、右大腿基本平行，膝弯成直角，脚平放在地面上，手轻放在大腿上。

（二）测量基准面

人体测量中常用的几种基准面有如下规定，如图3－1所示。

1. 正中矢状面

人体分成左、右对称的两部分，是人体正中线的平面。

2. 矢状面

所有与正中矢状面相平行的平面（切面）。

3. 冠状面（亦称额状面）

与矢状面成直角的，把身体切成前后两半的面。

4. 水平面

把身体切成上、下两半并与地面平行的面。

5. 穿内衣的被测者

如果是穿内衣测量，女性应去掉胸罩，男性应穿紧身三角裤。

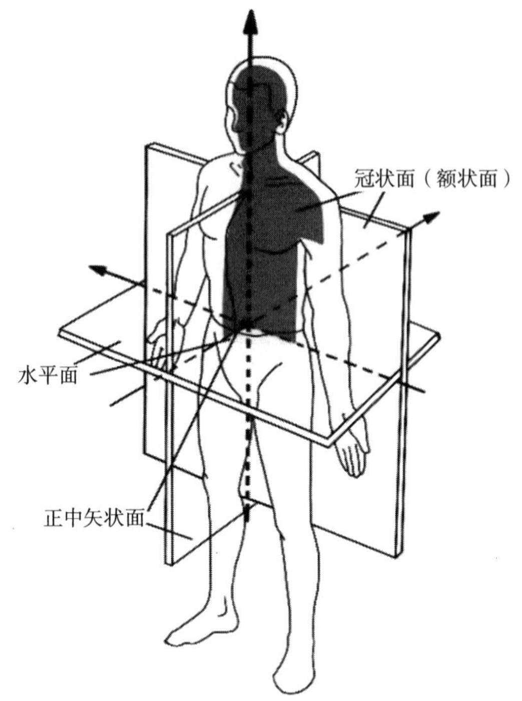

图 3-1 人体测量基准面

二、人体形态尺寸测量位置

根据人体形态进行尺寸测量的几个位置包括体部高度的测量、体部宽度与深度的测量、体部围度与弧长的测量。

（一）体部高度的测量

体部高度的测量以立姿、坐姿为主。

1. 正面立姿高度测量位置

当人体正面站立时，需要测量以下相关数据，如图 3-2 所示。

（1）举手时人体总高度。中指指尖上举，与肩垂直。

（2）中指指点上举高度。

（3）颈根高。

（4）肩峰高。

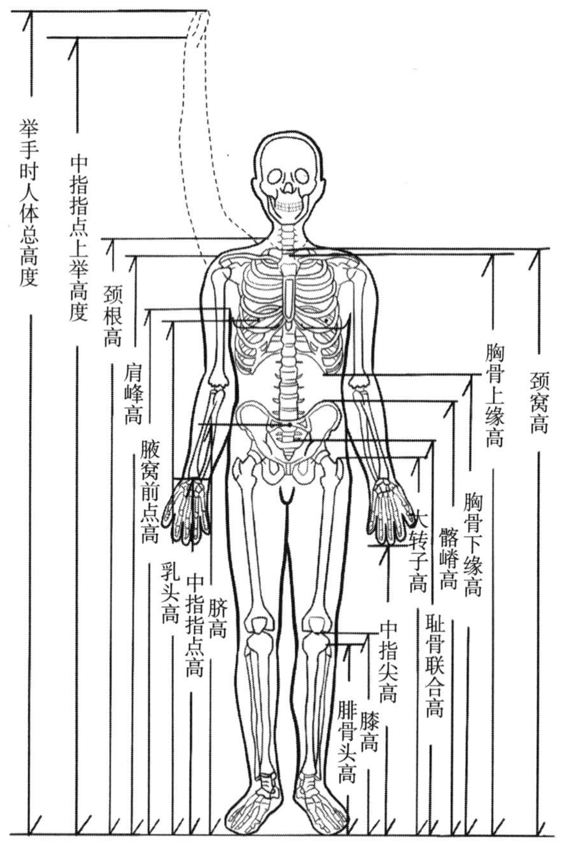

图3－2 正面立姿高度测量

（5）腋窝前点高。

（6）乳头高。

（7）髂嵴高。

（8）大转子高。

（9）中指指点高。

（10）中指尖高。

（11）膝高。

（12）腓骨头高。

（13）耻骨联合高。

（14）脐高。

（15）胸骨下缘高。

（16）胸骨上缘高。

（17）颈窝高。

2. 侧面立姿高度测量位置

当人体侧面站立时，需要测量以下生理特征数据，如图 3 -3 所示。

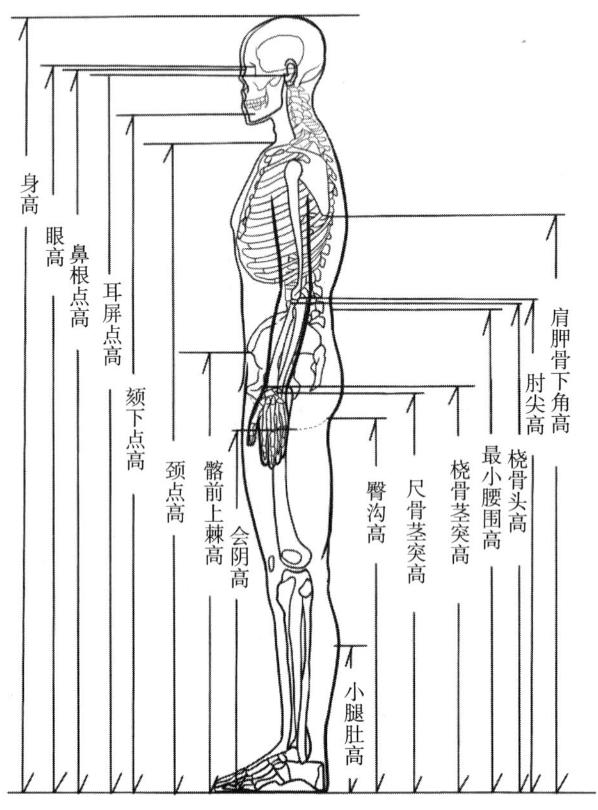

图 3 -3 侧面立姿高度测量

（1）身高。

（2）鼻根点高。

（3）眼高。

（4）耳屏点高。

（5）颏下点高。

（6）颈点高。

（7）肩胛骨下角高。

（8）肘尖高。

（9）桡骨头高。

（10）髂前上棘高。

（11）桡骨茎突高。

（12）尺骨茎突高。

（13）会阴高。

（14）小腿肚高。

（15）臀沟高。

（16）最小腰围高。

3. 坐姿侧面高度测量位置

当人体坐着时，需要测量以下形态特征数据，如图 3－4 所示。

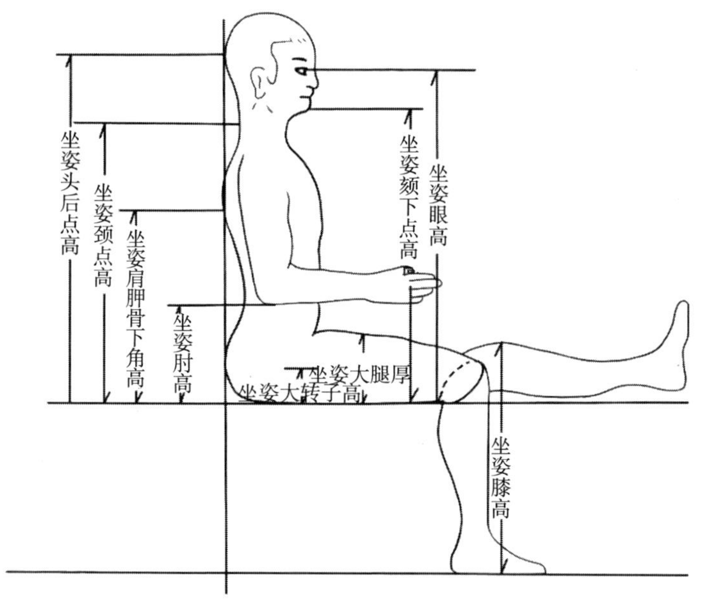

图 3－4　坐姿侧面高度测量

（1）坐姿头后点高。

（2）坐姿眼高。

（3）坐姿颏下点高。

（4）坐姿颈点高。

（5）坐姿肩胛骨下角高。

（6）坐姿肘高。

（7）坐姿大腿厚（坐姿大腿上缘高）。

（8）坐姿大转子高。

（9）坐姿膝高。

4. 坐姿测量

当人体坐着时，不仅需要测量坐姿体部相关高度，同时需要测量坐姿背部和肩峰的距离、坐姿腹厚等生理数据，如图3－5所示。

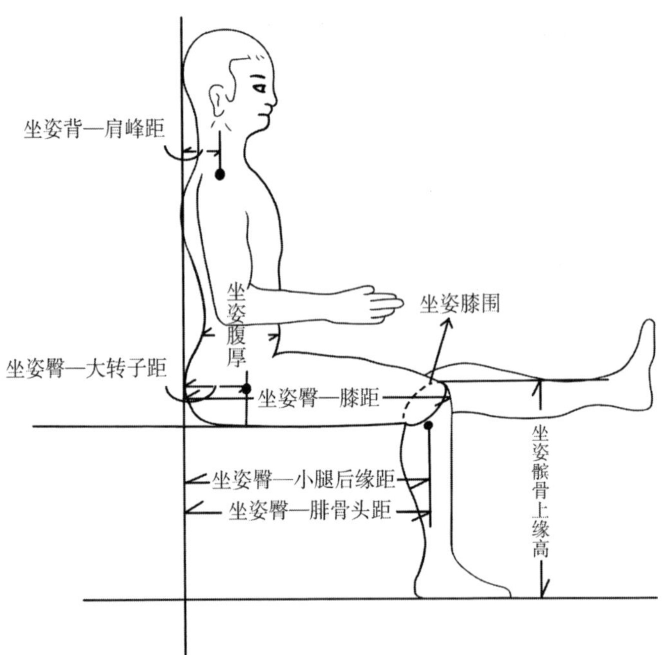

图3－5 坐姿的测量

（1）坐姿背—肩峰距。

（2）坐姿腹厚。

（3）坐姿臀—大转子距。

（4）坐姿臀—膝距。

（5）坐姿臀—小腿后缘距。

（6）坐姿臀—腓骨头距。

（7）坐姿膝围。

（8）坐姿髌骨上缘高。

（二）体部宽度与深度的测量

1. 人体宽度测量

人体宽度的测量如图 3 –6 所示。

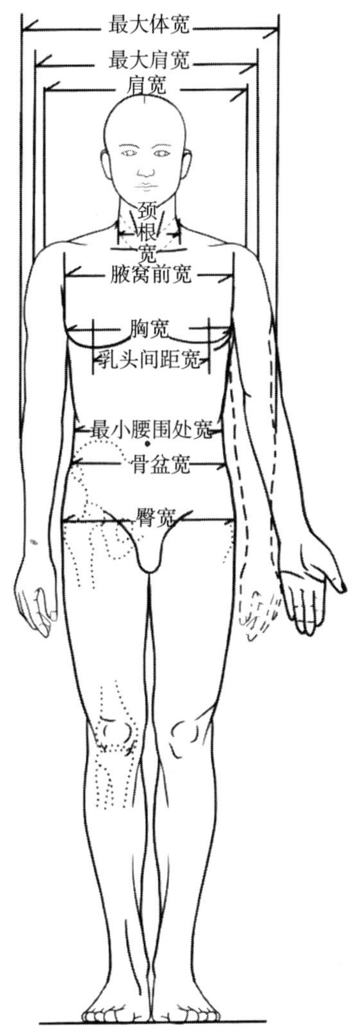

图 3 –6　体部宽度的测量

(1) 最大体宽。

(2) 最大肩宽。

(3) 肩宽(肩头点位置)。

(4) 颈根宽。

(5) 腋窝前宽。

(6) 胸宽(乳头点水平面上)。

(7) 乳头间距宽。

(8) 最小腰围处宽。

(9) 骨盆宽。

(10) 臀宽。

2. 体部深度测量

体部深度测量如图 3 -7 所示。

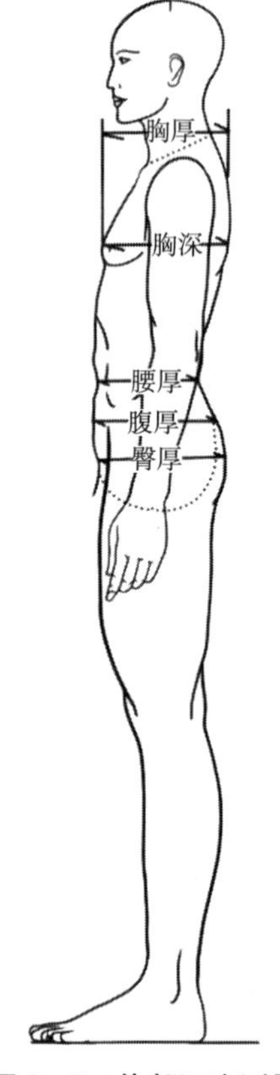

图 3 -7 体部深度测量

（1）胸厚。

（2）胸深。

（3）腰厚。

（4）腹厚。

（5）臀厚。

（三）体部围度与弧长的测量

1. 人体与服装有关的周径内容（水平围长、软皮尺量）

人体与服装有关的周径内容如图 3－8 所示，具体测量数据包括以下几种。

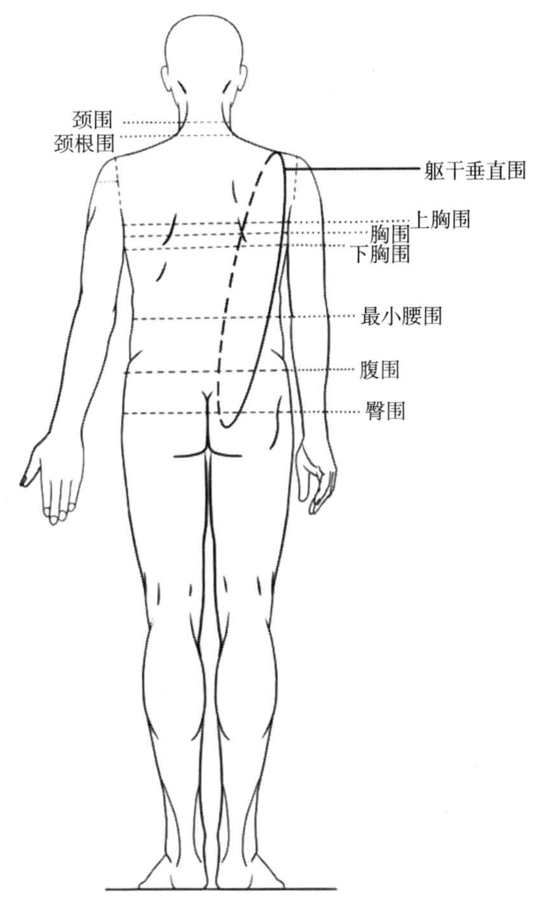

图 3－8 人体与服装有关的周径内容

(1) 颈围。

(2) 颈根围。

(3) 躯干垂直围。

(4) 上胸围（凡是测胸围时，应保持平静呼吸）。

(5) 胸围（经乳头点的胸部水平围长）。

(6) 下胸围（经胸下点的胸部水平围长）。

(7) 最小腰围（腰部最细处，在呼气之末、吸气未始时测量）。

(8) 腹围（在呼气之末、吸气未始时测量）。

(9) 臀围（臀部向后最凸位的水平围长）。

2. 上肢围度测量

上肢围度测量如图 3－9 所示，具体测量内容如下。

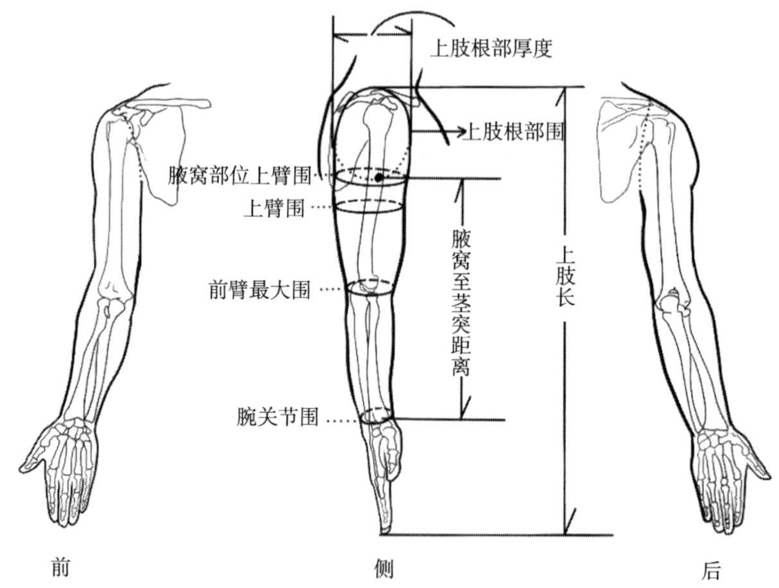

图 3－9　上肢围度测量

(1) 上肢长（用圆杆直脚规量）。

(2) 腋窝至茎突距离（用圆杆直脚规量）。

(3) 上肢根部厚度（用弯脚规量）。

(4) 上肢根部围。

（5）腋窝部位上臂围。

（6）上臂围。

（7）前臂最大围。

（8）腕关节围。

3. 下肢围度测量

下肢围度测量如图 3－10 所示，具体测量内容包括以下几种。

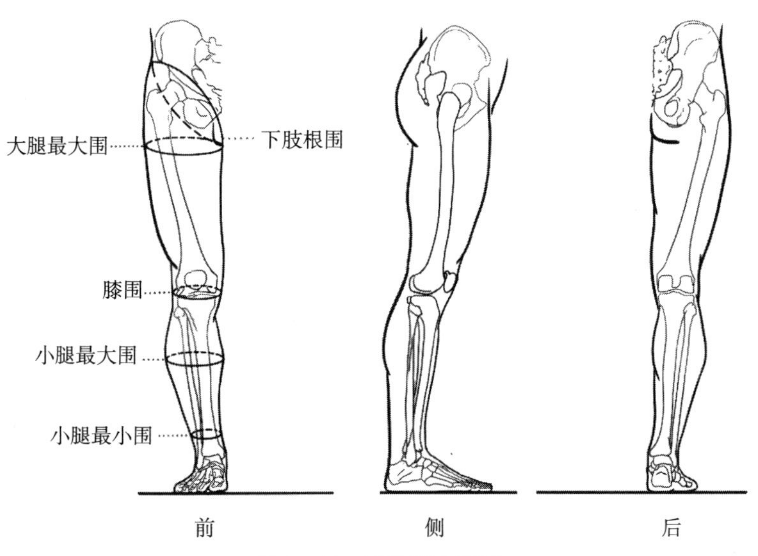

图 3－10　下肢围度测量

（1）下肢根围。

（2）大腿最大围。

（3）膝围。

（4）小腿最大围。

（5）小腿最小围。

第二节　人体测量技术及其运用

人体测量技术是服装人体工程学的必备技术之一，通过测量人体各方面的数据特征，进而精准掌握人体形态特征，是设计者不可或缺的基本技术之一。

一、人体测量技术方法

人体测量是对身体各方面特征数据的度量，是人体形态特征研究的基础。目前，服装领域的人体测量方法主要有接触式测量法、间接测量法和三维（three dimension，3D）人体扫描法。

（一）接触式测量法

接触式测量法是一种直接测量法，是指使用测量工具对人体进行接触式测量，得到人体各部位尺寸及重要部位角度的方法。它简单易行，成本低廉，被绝大多数国家所采用。但是该方法测量时间较长，易使被测者感到疲劳和窘迫，所得数据应用也不灵活。而且这种测量方法与测量者的技巧、经验有很大的关系，易产生人为误差。

GB/T 5704－2008《人体测量仪器》分别对人体测高仪、人体测量用直脚规、人体测量用弯脚规、人体测量用三脚平行规的结构、技术要求、操作规程等设置了相应的标准。

使用测试工具时对人体进行接触式测量，得到静态人体长、宽、厚及周长等体表面上的弯曲长度。测试工具为钢尺、马丁测量仪、皮下脂肪计等。其中马丁测量仪包括测高仪、杆状计、触角计和角度计。直接测量法适用于测量静态尺寸，因其简单易行，为绝大多数国家所采用，但容易因测试双方的主观因素引起误差，如测量者手势松紧、被测者放松与否、站立姿态等。

（二）间接测量法

间接测量法不能直接得到人体尺寸大小，而是通过某种媒介间接得到人体构造与功能尺寸的方法。廓体摄像法采用平行光拍摄被试者在投影板上的各种姿态，从照片投影板上的方格数推算出功能尺寸；莫尔等高线法是一种基于人体等高线的测量技术方法，常用于服装设计和人体工程学领域。该方法通过在人体表面绘制等高线线条，将人体分成不同的水平层面，然后在每个层面上进行测量和记录。另外，还有石膏法、截面测量法、超音波测定、三维全息测体等多种方法。间接测量法效率高、精度高，能得到三维人体尺寸，适于动态、静态研究，在内衣尤其是补正内衣研究中有广泛应用。

（三）3D 人体扫描法

3D 人体扫描法是基于光学测量的原理，使用多个光源测距仪（由光源和电荷耦合器件仪组成）从多角位对被测者进行测量。摄像机接受光束射向人体体表的反射光，与测距仪同步移动，根据受光位置时间间隔和光轴角度，通过计算机采集相应点的坐标值，从而测得人体数据，描述人体三维特征。

国内外常用的人体扫描系统有十几种。可分为普通光扫描法、激光扫描法和基于源后衰变的发光二极管法三类。

1. 普通光扫描法

采用该方法的人体扫描仪主要有 Telmat 开发的 SYMCAD 3D Virtual Mode，美国 TC2 开发的 2T4，3T6；Turing 开发的 Turing C3D 等。

2. 激光扫描法

采用该方法的人体扫描仪主要有 Cyberware 开发的 WBX，WB4，TechMath 开发的 Ramsis、Vitus Pro、Vitus Smart，Vitronie 开发的 Vitus 等。

3. 基于源后衰变的发光二极管法

采用该方法的人体扫描仪主要有 Immersino 开发的 Miero Scribe 3D，Cad Modelling Ergo-nomics 的 SCANFTT Dimension，3D－System 开发的 Scan book、3D Scan Station Body 等。

三维非接触式人体扫描系统具有扫描时间短、精确度高、测量部位多等多种优于传统测量技术和工具的特点，如德国的 TechMath 扫描仪在 20 秒内完成扫描过程，可捕捉人体的 8 万个数据点，获得人体相关的 85 个部位尺寸值，精确度为 < ±0.2 毫米；美国的 TC2 扫描仪通过对人体 4.5 万个点的扫描，迅速获得人体的 80 多个数据，可以全面精确地反映人体体型情况。①

---

① 夏蕾，惠洁，马艳梅等．服装工程设备配置与管理［M］．上海：东华大学出版社，2013：77.

进行三维人体扫描时，被测者的姿势是否符合要求会对导出数据的准确性有很大的影响。正确的姿势应为：赤脚自然站立于水平地面上，双手握把手，双臂微微张开，双脚分开与肩同宽，头向上抬。

扫描输出的数据可直接用于服装设计软件，进行量身定制。目前，人体扫描仪广泛应用于人体测量学研究、服装量身定制（MTM）系统、虚拟试衣、电影特技、计算机动画和医学整形手术等各类不同领域。

二、研究方法的应用

（一）马丁式人体测量法的应用

马丁式人体测量法是根据德国学者马丁（Martin）研究的马丁仪进行人体测量的。如图 3 – 11 所示，马丁仪的组成有身高仪、杆状仪、触角计、滑动计、软尺角度仪、脂肪计等仪器，可以用于测量人体表态的体表长、投影距离、周长、角度等。在测量时应注意各计测点及基准线的设定，计测点一般为人体的骨骼端点或关节点，基准线一般为水平截面域。由于马丁仪全部由全镀镍金属制成，因而温差所引起的测量器具的误差小，故测量的精度高。我国目前的人体静态特征测量法以马丁人体测量法为主。

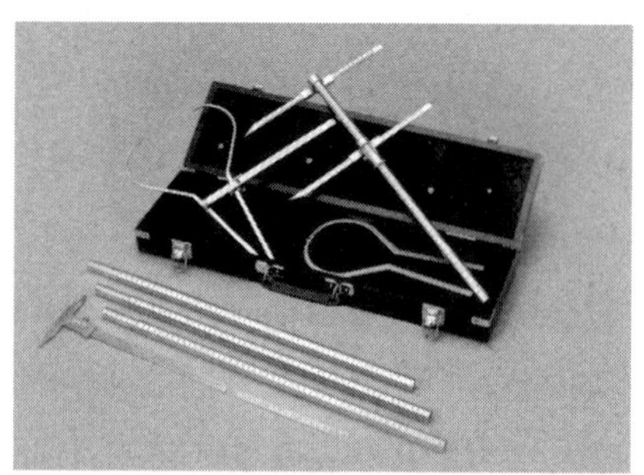

图 3 – 11　马丁测量仪器

（二）垂直型与水平型截面形状的测量

对于人体垂直型截面如矢状面、纵截面及人体水平型截面如胸截面、腰截面、臀截面等，国际通行的测量方法是使用纵截面测量仪和横截面测量仪以及人体轮廓摄像法。纵截面测量仪，在人体的背部和前面金属杆条水平移动，轻轻地接触人体表面后定位，金属杆条下的记录纸就记录了金属杆条尖端的位置，从而显示出人体纵向截面的图形。横截面测量仪的测量原理与此相似。

人体轮廓摄像法原理：在暗室的正面墙壁上画上格距为 3 厘米左右的格纹，暗室的顶部装无影灯，照相机便将人体表面轮廓摄下，这样可以通过相片的负片图像重叠，检查人体轮廓间的差距。这些研究方法和器材由于耗费较大，目前只在极少数研究机构和高校中研究使用。

（三）莫尔等高线测量法的应用

莫尔等高线即木纹等高线，其原理为由光源发出的光通过格距相同的格栅（格距一般 1 厘米左右），产生光折变现象，在不同高度对象物体上形成明暗不一的格纹，这种格纹形式如木头的横截纹样故而得名，目前主要用来研究垂直或水平运动后人体表面的形状变化及表面积的变化。莫尔等高线测量法由于将等高线数量化较困难，目前国际上正研究用数字摄像仪摄像后用计算机加以处理，分析显示出人体的三维图像。我国各研究机构目前也正加大力度进行该方面的研究。

第三节 服装生理心理属性测定

服装并不是冰冷的事物，有温度、有感情的服装可以带给人体积极的情感。因此，设计者有必要掌握服装生理心理属性测定的基础知识和方法，进而带给人体积极的感受。

一、服装生理属性测定

服装的生理属性指穿着服装时对人体生理造成的影响，包括舒适度、透气度、保暖度等。这些属性的好坏不仅影响着穿着者的舒适程度，还与人体的健康有关。

（一）舒适度测试

舒适度测试是指穿着后所产生的感觉和舒适程度。可采用人体感官评价法和生理测量法两种方法。人体感官评价法是指通过人体的感官器官来评价服装的舒适性，如感受服装的柔软度、舒适度、温度、紧密度等。生理测量法是通过测量人体体表温度、心率、呼吸等生理指标来评价服装的舒适性。

（二）透气度测试

透气度是指空气在单位时间内通过织物或材料的能力。一般采用传感器法或水蒸气透过性法来测试。传感器法是将传感器置于测试样品下方，通过检测传感器上方和下方的压差来计算透气度。水蒸气透过性法是将测试样品置于水箱上方，通过检测水蒸气在样品上、下两侧的压差来计算透气度。

（三）保暖度测试

保暖度是指服装对人体产生的保暖作用。可采用热通量计法、人体热平衡法等方法来测定。热通量计法是通过测定在相同热通量条件下穿着不同服装时的体表温度差异来计算服装的保暖度。人体热平衡法是在恒定温度和湿度条件下，通过调节服装和环境的温度来维持人体热平衡，测定人体表面散发的热量来计算服装的保暖度。

二、服装心理属性测定

服装的心理属性可以以服装对人的心理影响为例进行了解。服装作为一种外界刺激也能因为不同的服装色彩材料和款式对人产生不同的心理暗示。

（一）服装颜色的心理影响

人的眼睛本身可以分辨同一颜色由深到浅的 300 多个变化，不同的颜色会给大脑不同的刺激，从而产生不同的心理感受。有的色彩一眼看上去会十分绚烂夺目，使人感觉刺眼烦躁；有的色彩柔和，让人感觉安静；有的色彩赏心悦目，使人感觉愉快。色彩对人的视神经产生的刺激和冲动，会通过神经渠道传到大脑皮层，进而有效地控制和调整影响人的情绪和内分泌系统。因此，服装颜色搭配至关重要，好的颜色搭配能够使人产生愉快的情绪，甚至充满自信。如穿深浅度有别的单一色调上衣可以给人舒适的心理感受，蓝色可以使情绪得到缓解等。

（二）服装款式的心理影响

各种各样的服装款式对人的心理有明显的作用，如图 3－12 所示，女职员穿着西服套装，会给人以简洁大方的感觉，同时员工会因为穿了职业套装而充满自信，工作态度也会变得积极向上。但如果上班时间穿着舒适的丝绸套裙，着装者也会因此而变得慵懒，心情闲适，这对紧张的工作十分不利。包括服装上面的某些图案，也会长期影响着人的性格，心理专家也曾指出，如果青少年长期穿有暴力图案的衣服，会影响他们的心理健康，不利于其身心健康成长。

图 3－12　服装款式的心理影响

第四节 人体工程学与服装规格尺寸制定

为统一全国服装规格，满足人民生活需要，自1974年以来，我国已在全国21个省市对近40万人进行体型测量[①]。我国根据测得的数据对国家标准进行了制定，并按照男子、女子、儿童进行区分，并根据社会经济的发展和人的体型变化对各标准进行多次修改，现行的标准为GB/T 1335.1－2008《服装号型 男子》、GB/T 1335.2－2008《服装号型 女子》、GB/T 1335.3－2009《服装号型 儿童》。

“服装尺码系列”标准是一个基本标准，在基本点上与国际服装标准是一致的。尺码系列国家标准不仅适用于系列服装，也为制定单件服装的主要尺寸提供了有意义的参考。

一、服装号型的定义

服装号型是服装长短、肥瘦的标志，它是根据身体的正常体型和使用需要，选择具有代表性的部位，合理组合而成。

如图3－13所示，号是指人体的高度。它是以厘米为单位表示的人体总高度，还包括人体长度相应控制部位的数据。号是设计衣服长度的依据。

型是指人体的围度，同样以厘米为单位表示人体胸围或腰围的周长。上装的型表示身体的胸围，下装的型表示身体的腰围或臀围。与数字一样，型也包括了相应围度控制部分的数据范围，这是设计服装胖瘦的依据。

目前的服装号型尺码标准根据人体胸围和腰围的差异将人体体型分为四类，比旧标准覆盖面更宽、更精确。体型分类代码无论男女均被划分为Y、A、B、C四类。以下是这四类体型男性胸围和腰围的区别，如图3－14所示。

---

① 《中国财贸报》商品知识组．商品知识第2集［M］．沈阳：辽宁人民出版社，1982：103.

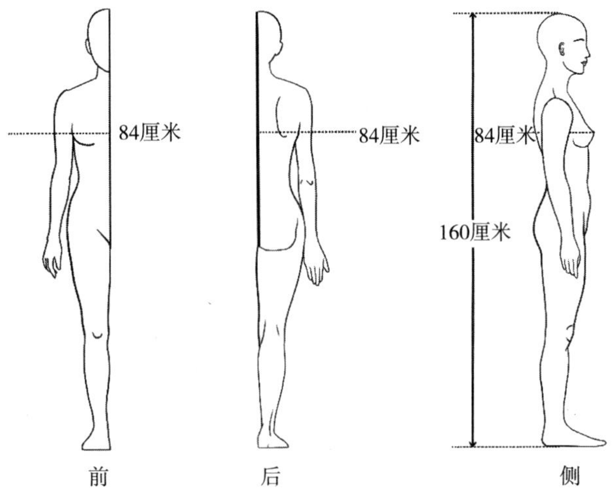

图 3-13 服装号型定义

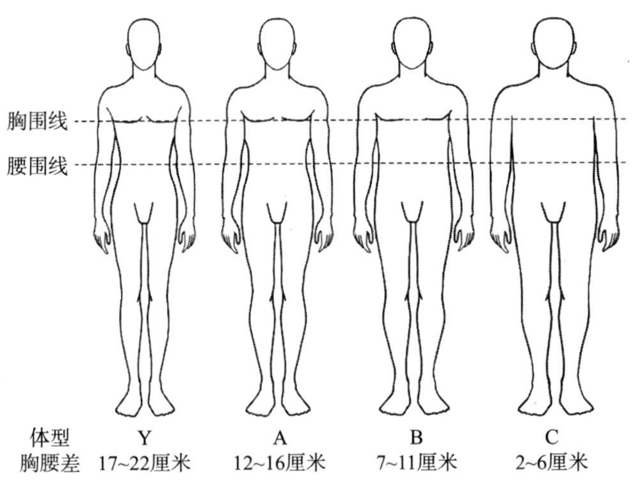

图 3-14 男性体型差异

Y：胸围和腰围相差 17～22 厘米。

A：胸围和腰围相差 12～16 厘米。

B：胸围和腰围相差 7～11 厘米。

C：胸围和腰围相差 2～6 厘米。

以下是这四类体型女性胸围和腰围的区别，如图 3-15 所示。

Y：胸围和腰围相差 19～24 厘米。

A：胸围和腰围相差 14 ~ 18 厘米。

B：胸围和腰围相差 9 ~ 13 厘米。

C：胸围和腰围相差 4 ~ 8 厘米。

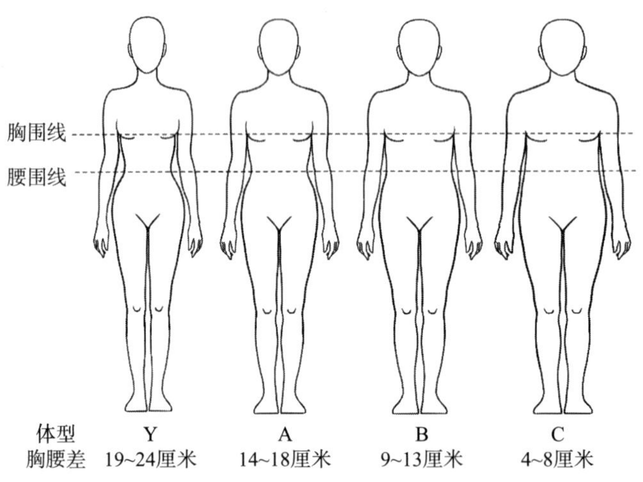

图 3－15　女性体型差异

二、服装号型标志

衣服上必须标明尺码，西服上下要分别标明尺码。

尺码表示方法：尺码的“号”在前，“型”在后，中间用分隔号隔开，然后标上体型分类代码。如 160/84A，160 这个数字表示身高 160 厘米，84 这个数字表示体型胸围 84 厘米，A 是体型分类代码。

三、服装号型应用

号型的实际应用，对于每一个人来讲，首先要了解自己是属于哪种体型，其次看身体和净体胸围是否和号型一致。如果一致可以对号入座，如有差异则需要采用近距靠拢法。

考虑服装造型和穿着的习惯，某些矮胖或瘦长型的人，也可选大一档的号或大一档的型。

衣服上标明的尺码值表示该衣服适合身材相近的人。例如，160 码适合身高在 160 厘米左右的人。

服装上的号型数值和体型分类代码表示该服装适合胸围和腰围相似且胸围和腰围相差在此区间内的人群。例如，女装 84A 上衣适合胸围在 84 厘米左右，胸围和腰围相差 14 ~ 18 厘米的女子。

对于童装来说，因为儿童正处于长身体阶段，特别是身高的增长速度大于胸围、腰围的增长速度，选择服装时号可大一至二档，型可不动或大一档。目前童装的上装型均以 4 厘米分档，下装型均以 3 厘米分档。型的范围很容易确定，上装型只要下限减 2，上限加 1 即可。例如，上装 56 型适用于净胸围在 54 ~ 57 厘米的儿童，60 型适用于净胸围 58 ~ 61 厘米的儿童。型与型之间正好衔接，下装型的适用范围更简单，只需要上下各加减 1 厘米。例如，女童下装 52 型，适用于腰围在 51 ~ 53 厘米的人。

此外，对服装企业来说，在应用型号时应注意以下事项。

第一，必须从标准规定的各系列中选用适合本地区的号型系列。

第二，无论选用哪个系列，必须考虑每个号型适应本地区的人口比例和市场需求情况、相应的安排生产数量。各类体型人体的比例、分体型、分地区的号型覆盖率可参考相关的国家标准，同时应该注意要生产一定比例的两头的号型（最大号和最小号），以满足各部分人的穿着需求。

第三，有时标准中规定的号型不够用，虽然这部分人占比不大，但也可扩大号型适用范围，以满足他们的需求。扩大号型范围时，应按各系列所规定的分档数和系列数进行。例如，人们要了解全国成年男子体型中身高为 170 厘米，胸围为 92 厘米的人体在 100 个人中所占的比例，则根据相关国家标准，可知 Y 型占全部体型人体的 20.98%，而 170/92Y 占所有 Y 体型的比例为 6.21%，用 20.98% ×6.21%，结果为 1.4%①。也就是说在 100 个男子中 170/92Y 的人占 1.4%，也可以认为在每 100 件服装中，号型是 170/92Y 规格的服装应配置 1.4 件。

---

① 徐蓼芫，于琳．服装工效学［M］．北京：中国轻工业出版社，2008：49.

四、服装规格

服装规格是根据服装尺码系列，加上一定的放松量来设计的。例如，170/88A 的西装外套的服装成品规格可以是长度 76 厘米，胸围 106 厘米，袖长 60 厘米，肩宽 45 厘米。根据号型系列和控制部位数据，结合款式和舒适度的需求，确定一定的放松量，就可以确定服装规格的尺寸。从成品规格和号型尺码的对比可以看出，该西装外套的胸围放松量是 16 厘米，如图 3－16 所示。

胸围放松量：16厘米

图 3－16　服装放松量

第四章
CHAPTER 4

基于人体工程学的服装材料和设计理念

服装人体工程学的核心思想是将人体作为设计的出发点和依据，为着装者提供最舒适、最适合和最符合人体美学的服装。它不仅考虑着装者的身体形态特征，还要考虑着装者的活动特征、心理需求和环境要求等因素，从而达到人体和服装的适配。

服装材质作为服装的三大要素之一，不仅可以诠释服装的风格和特点，还影响着服装的舒适性、卫生性和实用性。随着科技的发展，越来越多的服装材料从纯天然纤维面料发展到混合纤维面料。一般来说，服装材料除了有改善服装视觉外观的功能外，主要针对人的舒适度、疲劳度、吸湿性、排汗性、透气性、防寒保暖、防水、抗静电、卫生等方面进行功能提升，使衣服舒适、吸汗、吸水、透气，对人体健康无不良影响。此外，服装的设计理念也应基于人体工程学原理。设计师需要考虑人体结构、姿势和活动范围。例如，在设计外套时，设计师需要考虑人体手臂的活动范围，以确保外套不会限制手臂的活动，也需要考虑不同体型的人的需求，选择合适的尺寸和剪裁方式。

第一节　基于人体工程学的材料选择

对服装人体工程学而言，材料的选择是服装设计的重要因素之一。无论想要设计出什么类型和风格的服装，服装材料的选择均应满足一定的要求，在这一过程中需要运用很多人体工程学的知识和技巧。

一、运动类服装材料的选择

基于人体工程学的运动类服装材料旨在提供服装的舒适性、灵活性及性能的优化，以满足运动员在运动过程中的需要。以下是一些常见的基于人体工程学的运动类服装材料。这些基于人体工程学的运动类服装材料通过结合科技手段和服装设计原则，旨在提高运动服装的性能和舒适度，以帮助运动员更好地适应运动环境，并提高运动表现。

（一）弹性纤维

弹性纤维在运动服装中扮演着重要的角色。这些纤维材料具有出色的弹性和伸缩性能，能够在运动过程中提供更大的自由度和舒适感。

使用弹性纤维的运动服装具有诸多优点。首先，它能够适应运动员身体的变化，提供紧密贴合的感觉，减少不必要的束缚感。其次，弹性纤维的延展性和回弹性使服装能够自如地跟随身体的运动，不会限制活动范围。再次，弹性纤维还可以提供良好的支撑性，有助于减少肌肉疲劳和振动，提高着装者的运动表现。弹性纤维广泛应用于各类运动服装，包括运动衣、运动裤、紧身衣、运动内衣等。无论是高强度的运动训练还是柔和的伸展运动，弹性纤维都能够提供所需的舒适性和灵活性。最后，弹性纤维也常用于制作压缩装备，如压力袜和压缩裤，以提供肌肉支撑并促进血液循环。

1. 弹性纤维素

弹性纤维素是一种天然纤维，主要来源于橡胶树。其具有出色的弹性和延展性，能够在拉伸后迅速恢复原状。弹性纤维素的独特结构使其能够提供良好的伸展性，能够满足各种运动姿势和动作的需要。它还具有轻质、透气和吸湿排汗等特性，使运动服装更加舒适。

2. 氨纶

氨纶是一种合成纤维，也被称为弹性纤维。它具有极高的弹性和伸缩性能，能够在很大的应变范围内保持稳定的弹性。氨纶纤维的独特结构使其在运动中能够提供出色的伸展性和紧密的贴合感，也能够保持衣物形状的稳定。这使得运动服装可以跟随身体的每一个动作，不会限制运动范围，提供更好的灵活性和舒适度。

（二）透气材料

透气性是运动服装中至关重要的一个特性，它能够有效地调节体温、排出汗液，并保持身体的干爽与舒适。

1. 涤纶网眼布

涤纶网眼布是一种常见的透气材料，通常用于制作运动服装的背部、腋下和其他需要通风的区域。它的网状结构可以促进空气流通，增加服装的透气性，有效提高排汗效率。

2. 高科技纤维材料

一些高科技纤维材料，如高透气性聚酯纤维，具有出色的透气性能。这些纤维采用特殊的纺织工艺，具有微小的孔隙结构，可以实现空气流通和湿气排出。高透气性聚酯纤维常用于制作运动服装的内层，能够快速将汗液从皮肤表面引导到外层，以保持身体干爽。

3. 微孔薄膜涂层技术

微孔薄膜涂层技术是特殊的涂层技术，如微孔薄膜涂层等，被广泛应用于透气运动服装中。这种涂层通常应用于面料的内层，具有微小的孔隙结构，可以实现湿气分子的渗透和排出，同时阻止液态水的渗透。微孔薄膜涂层技术在保持透气性的同时，还具有防水功能，使运动服装能应对不同的天气和环境条件。

4. 多层复合材料

透气运动服装中常使用多层复合材料来实现透气性和保暖性的平衡。

多层结构通常包括内层的透气材料、中间层的绝缘材料和外层的防风/防水材料。这种设计可以在确保汗液排出和空气流通的同时，有效阻挡外界风雨的侵入。

5. 湿润控制技术

一些透气材料采用湿润控制技术，帮助调节身体湿度。这些技术包括吸湿排汗技术，使材料能够迅速吸收和分散汗液，加速蒸发，保持身体干燥。一些透气材料还具有抗菌防臭功能，能有效减少异味的产生。

透气材料具有良好的通风性和湿气调节功能，能够帮助运动员保持舒适和干爽的状态，提高其运动表现。透气材料也有助于避免过热和过度湿润，减少不必要的不适感和疲劳感。

（三）湿润控制材料

湿润控制材料可以帮助调节身体的湿度，并迅速将汗水从皮肤表面排出，以保持身体的干燥和舒适。

1. 吸湿排汗技术

吸湿排汗技术是一种常见的湿润控制技术，它能够帮助迅速吸收和分散汗水，使其能够快速蒸发。这一技术通常采用聚酯纤维的微细纤维结构，这些纤维能够吸收汗水并将其迅速分散到材料表面。通过增大表面积，汗水可以更快地蒸发，保持身体的干爽和舒适。

2. 高透湿膜技术

高透湿膜技术是另一种常见的湿润控制技术，它在运动服装中起到防水和透气的双重作用。这种技术通常采用特殊的薄膜材料，具有微小的孔隙结构，可以允许水蒸气透过而阻挡液态水的渗透。利用这一技术，汗水可以通过膜材料的孔隙逸出，而外界的湿气无法渗透进入服装内部，从而能够保持身体的干爽。

3. 湿润调节纤维

湿润调节纤维是一种特殊的纤维材料，具有调节湿度的功能。这些纤维通常采用具有吸湿性和释湿性的纤维素材料，如竹纤维、木浆纤维等。它们能够吸收过量的湿气，将其储存，并在环境干燥时释放出来，保持身体的湿度平衡，提供舒适的穿着感。

4. 抗菌防臭技术

在运动过程中，身体容易出汗，滋生细菌，导致异味产生。为了解决这个问题，一些湿润控制材料还采用了抗菌防臭技术。这些技术可以通过纳米银、抗菌涂层等手段抑制细菌的生长，减少异味的产生，保持运动服装的清洁和卫生。

5. 多层结构设计

湿润控制材料常与多层结构设计相结合，以达到更好的效果。多层结构通常由内层、中层和外层组成。内层负责吸湿和湿润控制，中层提供额外的吸湿和蒸发功能，外层则负责防风和防水。这种设计能够在保持干燥和舒适的同时，提供必要的保护和功能。

湿润控制材料在运动服装中起到重要的作用。通过吸湿排汗技术、高透湿膜技术、湿润调节纤维和抗菌防臭技术的应用，运动服装能够调节身体的湿度，保持干燥和舒适。多层结构设计则进一步增强了湿润控制的效果。这些技术和材料的应用使运动服装能够满足运动员在不同运动强度和环境条件下的需求，提高运动体验和性能。

（四）抗菌材料

抗菌材料在运动服装中扮演着关键的角色，能够有效地抑制细菌的生长，减少异味的产生，并保持服装的清洁和卫生。

1. 纳米银技术

纳米银技术是一种常见的抗菌技术，这种技术利用了纳米尺度的银颗粒，具有独特的抗菌性能。在运动服装中，纳米银技术通常通过将纳米银颗粒嵌入纤维中或在纤维表面涂覆纳米银涂层的方式来实现。纳米银颗粒能够释放出银离子，对细菌进行杀菌作用，抑制其繁殖和生长。这种技术能够有效减少细菌数量，防止异味产生，并保持运动服装的长期清洁和卫生。

2. 抗菌涂层

抗菌涂层是另一种常见的抗菌技术，通过在运动服装的表面涂覆抗菌剂来实现。这些抗菌剂通常含有抗菌成分，如银离子、氯化铜等，能够抑制细菌的生长。抗菌涂层在运动服装的接触面上形成一层保护层，阻止细菌的滋生和繁殖，从而有效地减少异味和细菌污染。

3. 抗菌纤维

抗菌纤维是经过特殊处理的纤维材料，具有抗菌性能。这些纤维通常采用添加抗菌剂、纳米银颗粒或其他抗菌技术来实现抗菌效果。抗菌纤维能够抑制细菌的生长，并有效减少异味的产生。在运动服装中使用抗菌纤维可以保持衣物的清洁和卫生，减少对衣物的频繁清洗和消毒的需求。

4. 消臭技术

除了抑制细菌的生长，一些抗菌材料还具有消臭功能。这些材料能够中和或吸附异味分子，减少或消除运动中产生的异味。常见的消臭技术包括活性炭纤维、抗菌酶技术等。通过消除异味，抗菌材料可以使运动服装保持清新，增加舒适度和使用寿命。

5. 持久性和安全性

在选择抗菌材料时，持久性和安全性也是需要考虑的因素。抗菌效果应该具有持久性，能够在服装的使用寿命中持续有效。抗菌材料应当经过相关的安全测试和认证，确保对人体无害，以便长时间接触和穿着。

（五）强化材料

强化材料在运动服装中发挥着重要作用，可以提供额外的保护和支持，增加服装的耐用性和保护性。

1. 加固织物

加固织物是一种常见的强化材料，通常在运动服装的关键部位使用，如肘部、膝盖、臀部和肩膀等。这些织物采用特殊的编织方式或材料处理技术，使其具有更高的耐磨性和抗撕裂性。加固织物可以增加运动服装在高摩擦和高压力区域的耐久性，减少磨损和损坏。

2. 特殊纤维材料

一些特殊纤维材料也常用于强化运动服装。例如，碳纤维和芳纶纤维等高强度纤维具有出色的抗拉强度和耐磨性，能够提供更好的保护。这些纤维通常与其他材料相结合，如聚酯纤维或尼龙，以增加织物的强度和耐用性。

3. 橡胶材料

橡胶材料在一些高冲击运动中常用于提供额外的保护和支持。例如，运动鞋的外底通常采用橡胶材料，具有抗滑、抗磨和抗冲击的特性。橡胶材料的弹性和耐磨性使得运动鞋能够在运动中提供稳定的支撑和护足功能。

4. 内置护具

一些运动服装设计中集成了内置护具，以提供额外的保护和支持。例如，一些篮球运动上衣和护腿裤会在关节部位嵌入泡沫或硬质护板，以减少碰撞和撞击的影响。这些内置护具能够减轻受力点的压力，降低受伤风险。

5. 网眼结构

在一些运动项目中，运动服装的透气性是十分重要的因素。运动服装中使用的网眼结构可以提供通风和透气性，同时具有一定的保护性。网眼结构可以增加空气流通，降低热量积聚，并提供舒适的穿着感。

二、保温材料的选择

服装人体工程学的保温材料旨在提供有效的保温性能，以确保身体在寒冷环境下保持温暖和舒适。

（一）绝缘层

绝缘层是保温服装中非常重要的一层，它能够隔离内部温暖空气和外部寒冷环境，起到保温的关键作用。

1. 羽绒

羽绒是一种常见的绝缘材料，它具有优异的保温性能。羽绒织物中的细小绒羽具有许多细小的空隙，这些空隙能够捕获并保存空气，形成一个热量隔离层。羽绒的保温效果由其填充功率（填充材料的体积和重量之比）来衡量，填充功率越高，保温性能越好。羽绒材料还具有轻盈、柔软和压缩性好的特点，使得服装舒适且便于携带。

2. 羊毛

羊毛也是一种常见的绝缘材料，它具有优异的保温性能和湿气管理功能。羊毛纤维中含有大量的空气袋，这些空气袋能够提供良好的保温效果。羊毛还具有吸湿排汗的特性，能够吸收体内的汗水并将其排出，保持身体干燥和温暖。羊毛具有自然的防菌性能，抑制细菌生长，保持衣物的清洁和卫生。

3. 合成绝缘材料

除了天然材料，合成绝缘材料也被广泛应用于保温服装中。常见的合成绝缘材料包括聚酯纤维、尼龙和聚酰胺纤维。这些材料具有轻盈、柔软、耐磨和耐久的特性。它们的细小纤维结构能够形成空气隔离层，提供良好的保温性能。合成绝缘材料还具有较好的吸湿排汗功能，能够快速吸收汗水并将其分散到材料表面，保持身体干燥和温暖。

（二）中间层

中间层是保温服装中的关键层次，其设计和选择的材料能够提供额外的保温性能和湿气管理功能。以下是对中间层的详细补充信息。

1. 聚酯纤维

聚酯纤维由有机二元酸和二元醇缩聚而成的聚酯经纺丝所得的合成纤维。商品名为涤纶，被广泛运用于服饰面料，涤纶有优良的耐皱性、弹性和尺寸稳定性，绝缘性能好、用途非常广泛，适用于男女老少的衣着。聚酯纤维的纤维分子结构较紧密，具有不透气的特点，在寒冷的天气中可以抵制住寒风的入侵，起到保暖的作用，因此，聚酯纤维具有一定的保暖性，市场上有部分冬装是由聚酯纤维材质制作而成的。

2. 聚酰胺纤维

聚酰胺纤维商品名为尼龙纤维、锦纶，英文名称“polyamide fiber”，是分子主链上含有重复酰胺基团—[NHCO]—的热塑性树脂总称，包括脂肪族聚酰胺纤维，脂肪—芳香族聚酰胺纤维和芳香族聚酰胺纤维。其中脂肪族聚酰胺纤维品种多、产量大、应用广泛，其命名由合成单体具体的碳原子数而定。

聚酰胺纤维的强度比棉花高1～2倍、比羊毛高4～5倍，是粘胶纤维的3倍。但聚酰胺纤维的耐热性和耐光性较差，保持性也不佳，所制成的衣服不如涤纶挺括。另外，用于衣着的锦纶-66和锦纶-6都存在吸湿性差和染色性差的缺点，为此，研发人员开发了聚酰胺纤维的新品种——锦纶-3 和锦纶-4 的新型聚酰胺纤维，具有质轻、防皱性优良、透气性好，以及良好的耐久性、染色性和热定型等特点。因此，选用聚酰胺纤维新开发的品种用作服装保温材料的中间层，能够表现出良好的保温性能与湿气管理功能。

3. 多层复合材料

为了进一步提高保温效果，保温服装通常采用多层复合材料的设计。多层结构通常由内层、中间层和外层组成，每一层都具有不同的功能，如保温、湿气管理、防风和防水。综合考虑不同层次的材料特性和设计，可以使保温服装在不同气候和运动强度下提供最佳的保护和舒适性。

中间层作为保温服装中的重要组成部分，选择合适的材料和设计对于提供额外的保温性能和湿气管理功能至关重要。根据实际需求和环境条件，可以选择适合的中间层材料，以确保身体在寒冷的环境下保持温暖、干燥和舒适。

（三）内层

内层是保温服装中与皮肤直接接触的层次，其设计和选择的材料能够提供舒适性和湿气管理功能。

1. 吸湿排汗技术

内层常采用吸湿排汗技术的材料，如亚麻、竹纤维等。这些材料具有优异的吸湿性能，能够迅速吸收体内产生的汗水，并将其从皮肤表面排出，实现湿气的快速蒸发。这种吸湿排汗的功能有助于保持身体干燥和舒适，避免湿气对皮肤产生不适感和寒冷感。

2. 透气性

内层材料通常具有良好的透气性，能够促进空气流通和湿气的排出。透气性的设计可以帮助人体调节身体温度，防止汗水过度蒸发和体温过度保温，保持适当的湿度和温度。这种透气性有助于提高运动舒适度，避免过度出汗和不适感。

3. 柔软舒适性

内层材料通常具有柔软舒适的特性，以确保与皮肤的良好接触和舒适性。这些材料采用柔软的纤维结构和特殊处理技术，具有光滑的表面和舒适的触感，不会对皮肤产生刺激或摩擦感。柔软舒适的内层材料能够提供更好的穿着体验，减少身体的不适感和对皮肤的磨损。

4. 快干性

运动类服装内层材料的快干性是非常重要的特性。快干的内层材料能够迅速将皮肤表皮的汗水吸收并分散到材料表面，加速蒸发过程。这有助于保持身体的干燥和舒适，避免湿气导致的寒冷感。

（四）外层

外层是保温服装中的最外层，主要起到防风和防水的重要作用。

1. 防风性能

外层材料通常采用尼龙、聚酯纤维和聚酰胺纤维等面料，具有较高的防风性能。这些面料通过紧密编织或特殊处理，能够有效阻挡外部冷风的侵入，减少热量的流失。防风性能的提高可以有效控制体感温度的下降，保持内部温暖。

2. 防水性能

为了保护身体免受雨水或湿度的影响，外层材料通常采用特殊的涂层或膜技术，具有优异的防水性能。这些涂层或膜能够形成微孔结构，阻止水分渗透，同时允许水蒸气通过，保持透气性。防水性能的提升可以有效防止雨水渗入到保温服装，保持内部的干燥和舒适。

3. 耐磨性和耐久性

由于外层面临更多的外界环境挑战，耐磨性和耐久性成为外层材料设计中需要考虑的因素。外层材料通常采用耐磨强度较高的面料，经过特殊的处理或涂层以提高其耐久性。这样可以确保外层材料在日常使用和恶劣环境中能够经受住摩擦和其他物理损伤，延长服装的使用寿命。

4. 轻便性和便携性

在保温服装的设计中，外层材料也要考虑轻便性和便携性。轻便的外层材料可以减轻负担，使穿着更加舒适和自由。一些外层材料具有便携性，可以折叠、压缩或收纳，方便携带和储存。

三、面料材质的卫生选择

服装材料的选择一定要对人们的健康有益，主要是指材料在使用过程中的磨损情况、材料的抗霉菌和细菌的能力、材料中所含的有效物质是否超标等。

由于化学材料对健康可能产生不良影响，人们普遍认为纯棉材料是舒适衣服的最佳选择。但纯棉材质长期使用后容易变质。全新的棉制品使用3～4个月后会变硬，无论是浴袍还是棉质内衣。棉纤维吸收汗水和污垢的能力很强，但由于棉纤维表层有一层薄薄的胶体，用普通技术很难去除这层胶体，所以导致纯棉制品，洗后较硬，效果不太理想，唯一能做的就是经常更换。

纯棉材质吸湿性好，吸湿速度也很快，但排湿非常差，受潮后干得很慢。因此，最好不要用纯棉做贴身的衣服、裤子和袜子。患有麻疹、湿疹、关节炎的人属于寒性体质，不宜使用纯棉材质，以免身体被冷空气包围。羊毛材质也不适合做贴身衣服，羊毛材质因为羊毛蛋白纤维的纤维收缩率高，所以尺寸稳定性差，容易变色和发霉。因此，内衣的材料可采用棉纤维和弹性莱卡纤维混合材料，以保证材料的保养周期和卫生性能，采用针织结构，可达到柔软有弹性的效果。蚕丝也是一种理想的内衣材料，蚕丝中含有氨基酸和蛋白质等对人体皮肤有一定营养作用的成分，具有较好的吸湿性和透气性，有很好的防止细菌生长和存活的作用，但是热量和水都会降低它们的性能。

减少材料中的有害物质是消费者对服装质量的最重要的需求，而按照材料检验标准和无污染的材料选择，材料是服装产品质量的保证。例如，目前的聚氨酯（polyurethane，PU）涂料无论是干法还是湿法，所使用的PU溶液大多为溶剂型，其中含有约70%的有机溶剂，如二甲基甲酰胺、甲苯等[①]。这些溶剂的残留物对人体有一定的影响。

① 张建兴. 服装设计人体工程学［M］. 北京：中国轻工业出版社，2010：126.

四、材质舒适性能的选择

服装材料的舒适度是指穿着衣服时着装者所感受的舒适程度，包括衣服对皮肤的触感、透气性、吸湿排汗能力、保暖性、防水性、重量等方面的感受。一件舒适的服装应使人感到舒适自在，而不是让人感到潮湿、闷热、紧绷或过重。因此，服装材料的舒适度是衡量服装质量和设计的重要标准之一。

雪纺的经纬丝以涤纶或丝绸为原料，经左右捻工艺加工而成，基于面料结构，其质感和色彩效果均表现良好。由于面料透气性好，染色中若面料处理充分，面料手感将极为柔软；“弹力雪纺”经纱采用涤纶 FDY100D 纱和纬纱采用涤纶 DTY100D/48F +40D 氨纶纱为原料，可以制成具有弹性的亚麻式雪纺裙，轻盈、时尚、清新。

针织品结构柔软，吸湿透气，具有出色的柔韧性和拉伸性。衣服穿着舒适，贴合紧身，无束缚感，充分体现人体曲线。醋酸纤维具有与真丝相同的独特性能，具有纤维光泽且色泽鲜艳，内饰与手感极佳，用它制成的针织品手感光滑，质地轻盈。采用醋酸纤维编织的针织面料有玉米花、乔其纱等面料。纤维针织物结合了纤维与针织本身柔软、蓬松、高弹和舒适等特点，采用交织的单面和双面针织面料，具有柔软、光滑、有弹性、垂坠感和丝滑感等特性。强捻的精梳纱制成的凉爽麻型的针织面料，不仅具有麻纱感，而且体感凉爽、吸湿性好。真丝加捻，除了具有真丝的优良性能外，面料手感丰满，且较硬挺有身骨，尺寸稳定性好，具有较好的抗皱性。

五、防护材料的选择

防护材料是指服装材料具有防护的性能，如防晒、防水、防风、抗有害气体、阻燃、保温等。

阳光中的紫外线不仅会使纺织品褪色、变脆，还会引起人体皮肤晒伤和老化，导致黑色素和色素沉着，更严重的会致癌，危害人体健康。紫外线对人体的危害越来越受到世界各国的关注。澳大利亚等国家明确要求学生的服装必须具有防晒功能。我国也制定了防紫外线纺织品的标准。

防紫外线面料的防护原理是吸收高能紫外线，通过分子能级跳跃将其转化为低能，再转化为低能热能或波长较短的电磁波，降低阳光强度，消除紫外线对人体的有害影响，减弱紫外线织物的危害。防紫外线面料包括棉、麻、丝、毛、涤棉和锦纶等织物，它们对 180 ~400 纳米波段的紫外线有良好的吸收、转化、反射和散射作用，如图 4 -1 所示。

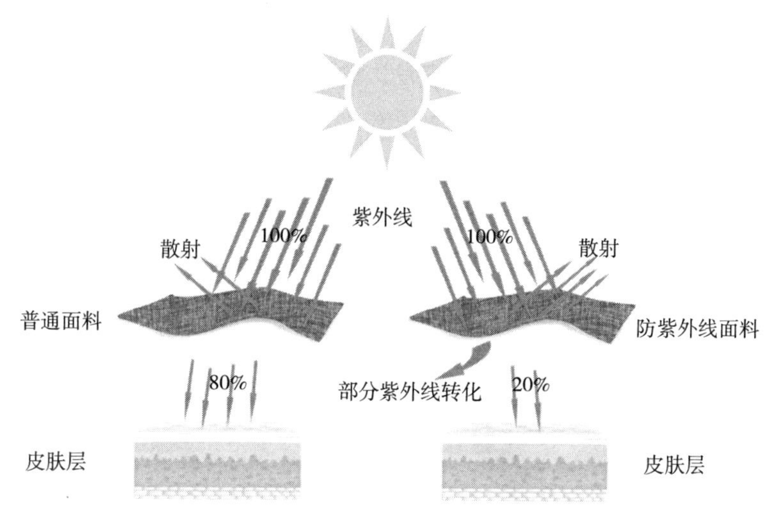

图 4 -1　防紫外线机理示意图

六、辅料的选择

服装辅料包括里料、衬料、填充料、纽扣、拉链和线。与服装面料一样，应当根据人体生理结构以及在衣服上的功用，选择最适宜的辅料。

衬布可用来为服装定型，便于服装的缝制，使服装整体垂直定型，衬布的性能主要体现在与面料的匹配上。衬布性能与面料性能的相容性是选择衬布的重要因素。面料的厚薄与里料的厚薄成正比，秋冬衣服的面料比较厚，里料也较厚，春夏的衣服比较薄，里料也较薄。坚韧的面料必须选择坚韧的衬布，柔韧的面料必须选择具有一定柔韧性的衬布，这样才能保持织物的原有性能。对于柔和优雅的着装款式，衬里应比较柔软轻薄，对于夸张或几何的廓形，应该使用硬挺厚实的衬里。衬布的线方向原则上与织物的线方向一致。

衬布的选择不应影响面料的原有特性，要考虑粘衬的部位，一般很少使用全身粘衬，只在一些需要定型的部位使用，如胸衬、领衬等，保证穿后挺括、不易变形。在驳头、门襟边处还会使用牵条来辅助定型。使用衬布辅助面料进行造型，也会增加面料的厚度与重量，一般应尽可能选择轻质的衬布。

里布需具有滑顺的特性，既方便人的穿脱，还能保护面料、延长衣服的使用寿命。人的膝盖会因人的起坐、腿部的动作而顶起裤子，会影响裤子膝部的面料寿命，因此有些服装会在裤子膝部加入滑顺的里布，使膝部受到的顶力被化解，延长裤子的使用寿命，保持裤型的美观。局部加里布具有针对性，但在外观上不够美观。里布要求耐磨、耐洗、不掉色，冬季服装选用厚的里布还能起到保暖、保型等作用。

纽扣和拉链的选择也是设计中不能忽视的因素，如图 4 –2 所示。

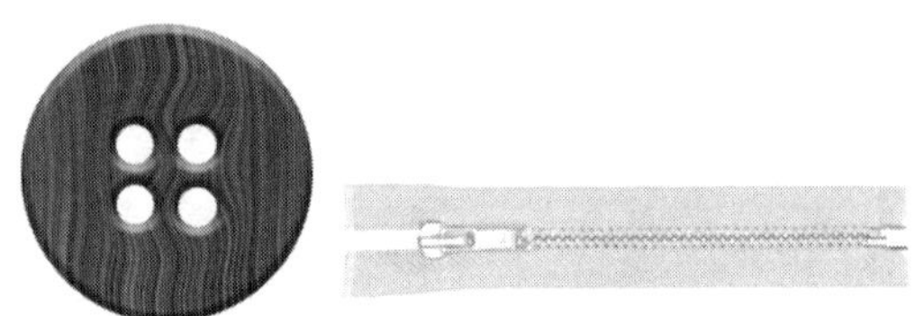

图 4 –2　木质纽扣与金属拉链

厚重的纽扣不适合用于轻薄的服装，过重的纽扣会损坏轻薄的面料。例如，夏季轻薄的面料和纽扣使用的材料，通常要求坚固耐用，不易断裂。在一些特殊情况下，需要使用类似材料制成纽扣，如大理石纽扣具有非常高的硬度和耐磨性，并且耐高温和耐有机溶剂。在正常情况下，都不会被酸和碱腐蚀。此种纽扣适用于酸性环境，可在高温和生化环境中用于工作服配件。纽扣的材料也与历史有关。1812 年，拿破仑溃败于俄罗斯，法兰西帝国解体。这一事件对欧洲的历史产生了深远影响，后世对这段历史的研究也颇多。加拿大卡皮拉诺学院科技系主任、化学家佩妮 · 莱克托（Penny Lecto）在她的著作《拿破仑的纽扣：改变世界历史的 17 个分子》

中介绍了这一点。该书揭示了拿破仑军队的制服是用锡纽扣制成的，在寒冷的气候下，锡纽扣会发生化学反应，变成粉末，因此士兵的衣服没办法完全系上，无法提供保暖和防护作用，很多士兵因为衣服缺少扣子被冻伤，还有部分士兵因为衣服没扣子而死于疾病。因此，服装设计师在选择服装纽扣时，必须考虑纽扣的物理性能和化学性能，并注意人体所处的生活环境或可能遇到的极端环境，尽量避免因为选择材料不当而造成的严重后果。

锡是一种硬金属，具有白锡、脆锡和灰锡三种同素异形体。通常锡是一种银白色的金属。锡在13.2℃～161℃的温度范围内，锡的性质最稳定，叫作“白锡”，但当温度降到13.2℃以下时，白锡的体积突然膨胀，原子间的空间增加，产生另一种晶型——灰锡。这种变化很难用肉眼察觉，因此即使在非常低的温度下，人们也不会立即注意到它。先是锡金属上出现粉状斑点，然后出现小孔，最后锡金属的边缘破裂。如果温度急剧下降到零下33℃，结晶锡就会变成锡粉。现在研究人员发现了铋可改变锡晶体的排列方式，铋原子中多余的电子可以使锡晶体重新排列，使锡更稳定。①

第二节 基于人体工程学的新型高科技服装材料

随着科学技术不断发展，新型、高科技的服装材料层出不穷，包括新型天然纤维材料、新型再生纤维素纤维材料、新型再生蛋白纤维面料、智能服装材料、纳米技术与服装材料等，这些材料为服装人体工程学带来新的生机和活力，可以实现服装的更多功能，使之更加符合人体结构。

服装材料是服装制作的基础和前提，随着科学技术的发展，这些新型高科技服装材料可以更加贴合人体生理结构和运动的需求，甚至智能感受人体的生理状态，因此设计者有必要了解和掌握新型高科技服装材料，以设计出更加符合人体生理特征的服装。

---

① 张元波、姜涛、苏子键．锡铁复合资源活化焙烧原理与综合利用新技术［J］．北京：冶金工业出版社，2022.

一、新型天然纤维材料

（一）新型棉纤维服装材料

一般来说，棉纤维应具有良好的白度，以便在后期加工中染成所需的颜色。但织物印花过程需要大量的水，并产生大量废水，处理不当将极易造成环境污染。

这就是为什么要种植具有天然颜色的棉花。美国和苏联科学家较早研究了彩色棉花，培育出的天然棉有浅黄色、紫红色、粉红色、咖啡色、绿色、灰色、橙色、黄色、浅绿色和铁锈红色等颜色。20 世纪 90 年代初，我国从美国引进有色棉籽，在敦煌、石河子等地区试种，现已培育出深棕色、浅棕色、浅绿色和绿色的棉花新品种。

（二）麻纤维服装新材料

近年来，麻纤维面料受到人们的欢迎。麻纤维面料的发展热点主要有两点：一是提高传统亚麻面料的舒适性和抗皱性；二是开发具有抗菌和保健作用的麻织物，如罗布麻、大麻等。

1. 改进传统麻面料

采用先进的麻生产和纺纱技术，降低纺纱密度，应用生物技术，将麻纤维或织物加工成柔软、有光泽、抗皱、耐热、防腐、防霉、吸湿的面料。这是一种新型高吸湿性亚麻面料，是夏季较高档的服装面料。

2. 罗布麻纤维

罗布麻纤维纵向有横纹和竖纹，横截面有明显不规则的腰形，中心空腔较小。

罗布麻对金黄色葡萄球菌、铜绿假单胞菌、大肠杆菌等具有抗菌作用，近年来已成为市场热点。罗布麻面料多为罗布麻与棉混纺交织面料。

（三）新型羊毛纤维服装材料

新型羊毛纤维服装材料有很多，大致可以分为以下几类，如图 4 -3 所示。

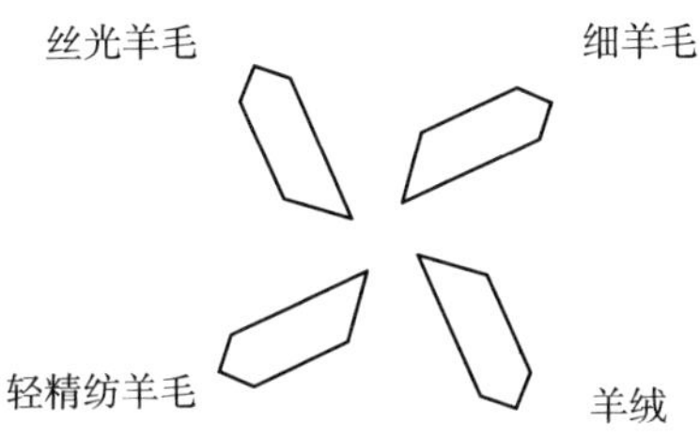

图 4－3 新型羊毛纤维服装材料种类

1. 丝光羊毛

因为羊毛表面有鳞片，所以羊毛具有“咬合”能力。剥落毛鳞片是去除毛织物毛毡最直接、最根本的方法。通常使用次氯酸钠、氯气、氯胺和亚氯酸钠等氧化剂来降解或破坏鳞片，处理后的羊毛不仅达到了防水和防缩效果，而且羊毛纤维变得更细，纤维表面更光滑，富有光泽，易染色，色牢度好，这就是所谓的丝光羊毛。

采用丝光羊毛编织的毛衣柔软、光滑、有蜡感、不起球、可水洗，符合机洗要求，穿着舒适不扎身，如今在中高档羊毛衫市场上颇受欢迎。

2. 细羊毛

随着羊毛产品轻薄化的发展趋势和适应四季的要求，消费者对细、超细羊毛的需求日益增加，但 18 微米以下的羊毛产量非常少。澳大利亚联邦科学与工业研究组织成功开发了羊毛牵引技术，1998 年进入工业生产，并在日本推广。经阻尼处理后的羊毛可变长，细度下降约 20%，如 21 微米的羊毛经阻尼处理后可减薄至 17 微米左右，19 微米的羊毛经阻尼处理后可减薄至 16 微米左右。阻尼羊毛的形状是直的、细的、无卷曲的纤维，提高了弹性系数、挺度和细度。它具有丝光和柔软的效果，但断裂伸长率降低。

细羊毛制品轻盈、光滑、挺括、覆盖性好、手感高雅、羊毛表面细腻、光泽亮丽，使用起来不痒、不黏腻，是一种新型的高档服装面料。

3. 轻精纺羊毛

由于毛纱上胶困难，毛精纺面料传统上采用线编织，限制了纺纱线密度的降低，从而限制了织物轻盈度的提高。

近年来，西罗菲尔和西罗斯潘（Sirofil and Sirospun）纺纱技术主要用于降低羊毛纱线的线密度，或制成羊毛混纺纱，将羊毛与可溶性纤维混合，然后将其织成织物。

4. 羊绒

羊绒是内蒙古草原上生长的乌珠穆沁肥尾羊的细毛。由于先进的纤维梳理技术的发展，人们成功地将这些细毛梳理成一种新型的纤维原料。羊绒多用于针织品，如羊绒衫。

（四）新型丝绸面料

1. 丝光免烫丝织物

丝光免烫是指对面料采用整理剂进行免烫整理加工，在水洗后的丝织物或棉与化纤的混纺织物具有快速滴干、不需要熨烫就能保持较平挺的效果。其原理是采用尿醛树脂或双羟乙基砜等抗皱整理剂的初缩体，在碱性条件下与纤维素发生催化交联反应，使整理剂大分子的活性基团与纤维素大分子上的羟基交联、沉积，提高了纤维素的干态和湿态回弹性，表现在服装性能上就是提高了折皱回复性能。

2. 蓬松真丝面料

蓬松真丝面料是通过缫丝时用生丝膨化剂对蚕茧进行处理，并经低张力缫丝与复摇，使真丝具有良好的蓬松性。与普通的真丝相比，这种面料的直径可增加 20% ~30%，可织重磅织物。其织物手感柔软、丰满、挺括、不易褶皱且富有弹性，适合制作时装及套装。

二、新型再生纤维素纤维材料

再生纤维素纤维是最早发明的化学纤维，在化学纤维的生产中至今仍占有重要地位。再生纤维素纤维，特别是粘胶纤维，在生产过程中会造成严重的环境污染。为了解决这个问题，美国恩卡公司和德国恩卡研究所成功研究了一种直接溶解和生产再生纤维素纤维的新方法——有机溶剂纤维素纤维加工方法获得专利。1989 年，布鲁塞尔再生和合成纤维国际标准局正式将采用这种方法生产的纤维素纤维命名为“莱赛尔”。1992 年，美国联邦贸易委员会也将这种纤维认定为“lyocell”。

英国 Courtauer 公司于 1989 年开始这种纤维的工业化生产，并以商品名 Tencel 推向市场，在中国市场被称为“Tencel”，即天丝。

天丝纤维不仅具有传统再生纤维素纤维良好的吸湿性和穿着舒适性，而且强度大大提高，干强度是粘胶纤维的 1.7 倍，湿强度是粘胶纤维的 1.3 倍①，纤维制造过程对环境不产生污染。

由天丝纤维制成的织物具有与粘胶织物相同的耐磨特性，但其尺寸稳定性和强度有所提高。天丝纤维可以与不同的纤维混合制成各种机织和针织面料。

三、新型再生蛋白纤维面料

（一）大豆蛋白纤维及其面料

大豆蛋白纤维是一种再生蛋白纤维，是我国第一个工业化生产的蛋白纤维。大豆蛋白纤维呈淡黄色，与柞蚕丝的颜色非常相似。大豆蛋白纤维的单纤维断裂强力接近涤纶，高于羊毛、棉花和丝绸，断裂伸长率接近丝绸，初始模量和吸湿性接近棉纤维，但耐热性较差，发黄发黏。大豆蛋白纤维具有良好的耐酸性和一般的耐碱性。

大豆蛋白纤维已被广泛用于开发新的服装面料，包括主要由大豆蛋白纤维制成的针织内衣、睡衣面料和大豆蛋白纤维衬衫。

（二）玉米蛋白纤维

玉米蛋白纤维和其他再生蛋白纤维最共同的特点是在工业应用中具有良好的环保性能。纤维的强度、吸湿性、伸长率和染色性能与普通化学纤维相近，玉米纤维除内衣、外衣、运动服外，还可用于产业用纺织品。

维卡拉纤维（Vicara fiber）是一种玉米蛋白纤维，由美国玉米产品精炼公司（Corn Product Refining Inc.）生产。维卡拉纤维能耐高温，具有生物抗性和稳定的化学性能。在正常大气压条件下，干强度为 10.58（厘牛/特），湿强度为 6.17（厘牛/特）。混合其他纤维后，一方面可以降低成本，

---

① 陈继红，肖军．服装面辅料及应用［M］．上海：东华大学出版社，2009：5.

另一方面可以提高稳定性、抗皱性和柔软性。

四、智能服装材料

根据智能服装材料所体现出的效果，可将其分为变色材料、形状记忆材料、蓄热调温材料、光子材料、电子信息材料等，如图4－4所示。

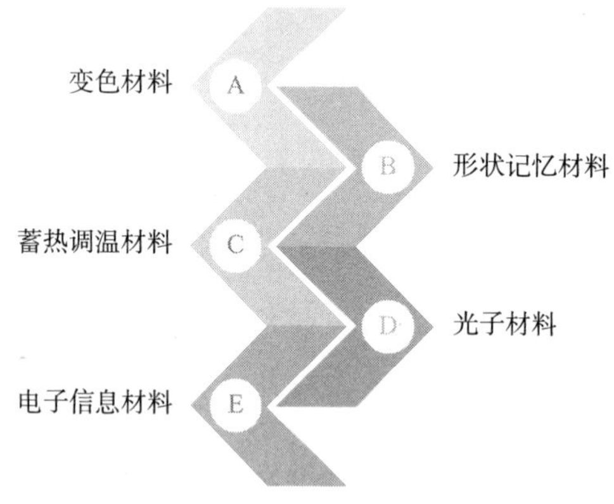

图4－4 智能服装材料的种类

（一）变色材料

变色材料是指在受到光、热、水分或辐射等外界刺激后，能够自动且可逆地改变颜色的材料，主要包括热敏变色材料和光敏变色材料等。

热敏变色材料，又称为热致变色材料，是指在特定环境温度下由于结构变化而发生表面颜色可逆变化的材料。实现热敏变色的主要有两种方式：一是将热敏变色剂填充到纤维内部；二是将含热敏变色微胶囊的氯乙烯聚合物溶液涂于纤维表面，经过热处理使溶液呈凝胶状来获得可逆的热敏变色功效。

光敏变色材料，又称为光致变色材料，是在一定波长的光线照射下产生变色，而在另外一种波长的光线照射下又会发生可逆变化回到原来颜色的材料，这些化学物质因光的作用发生两种化合物相对应的方式或电子状态变化，可逆地出现吸收光谱不同的两种状态，即可逆的显色、褪色和变色。

（二）形状记忆材料

形状记忆材料是指在热成型时能记忆外界赋予的初始形状，冷却后可任意形变并在更低的温度下将此形变固定下来，当再次加热到某一临界温度时能可逆地恢复初始形状的一种材料。其本身可以自感知、自诊断、自适应，具有传感器、处理器和驱动器的功能。形状记忆材料包括形状记忆合金和形状记忆聚合物，如图 4－5 所示。

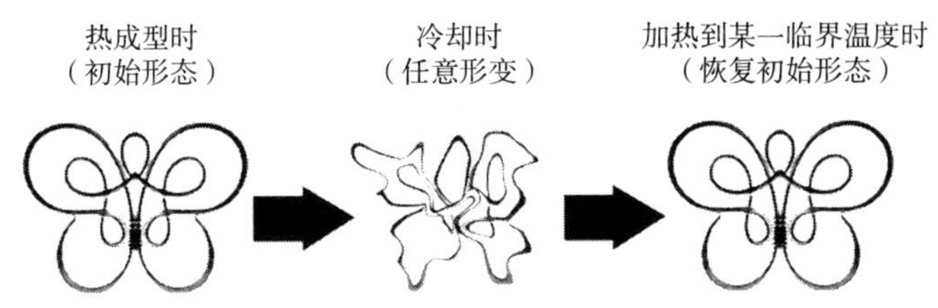

图 4－5 形状记忆材料形变示意图

形状记忆材料在服装中的加工方法有以下三种。

第一，通过用聚合物后期整理的方法，赋予天然纤维或人造纤维以形状记忆功能，也解决了普通纤维易起皱、缩水、不稳定等问题。

第二，利用形状记忆材料直接制造或合成形状记忆纤维。这种纤维除了用于制造特殊功能的服装外，还可以设计成样式美观的花色纱线，织造不同的织物，简化纤维的后整理过程。

第三，利用各种方法，如接枝、包埋等，将有形状记忆的高分子材料嫁接到纤维上，使纤维拥有记忆功能。

形状记忆材料在生物医学、纺织服装、包装、国防军工等领域有着广阔的应用前景。在服装领域，具有形状记忆的领带、服装衬里、运动服、登山服、帐篷等以其抗皱、免烫、防水、透湿、保温、定型等多种功能，以及温度自动调节等智能特性，深受消费者喜爱。

（三）蓄热调温材料

蓄热调温材料，又称为相变材料，是一种能够自动感知外界环境温度的变化而智能调节温度的高技术纤维材料。

相变材料可以设定相转变点，在一定时间段实现一定温度范围内的温度恒定，是一种主动式的智能保温材料，它以提高服装的舒适性为主要目的，可以吸收、储存、重新分配和放出热量。在外界环境温度升高时，服装中的相变材料吸收热量，从固态变为液态，降低体表温度，当外界环境温度降低时，相变材料释放出热量，从液态变为固态，减少人体向周围环境放出的热量，保持正常体温，为人体提供舒适的“衣内微气候”环境。

蓄热调温材料按其制作方法不同主要分为相变物质类温控纤维、添加溶剂类温控材料、电发热温控纤维和其他类型的温控材料等四种。

（四）光子材料

光子材料是指能够创造、传播和探测光子的材料。用纱线、丝等将塑料光子纤维包缠后织造成光子面料，在面料的表面用发光染料进行整理后，涂上各种图案，或由不同颜色的光子面料制成图案，再对有图案的光子布面进行处理，使得塑料光子纤维芯层传输光从侧面泄露，在塑料光子纤维两端用白光发射二极管或各种颜色的发光二极管通光，面料就可以展示不同的颜色和图案。

（五）电子信息材料

电子信息材料是指将电子技术、信息技术等高新技术融入服装产品的高科技材料，目前主要有光纤传感器、压电传感器和微芯片传感器等。

1. 光纤传感器

光纤传感器是一种可以探测到应变、温度、电流、磁场等信号的纤维传感器。通过将光纤传感器植入衬衣可以探测心率的变化，适用于介质探测织物。当织物中的传感器接触到某些气体、电磁能、生物化学或其他介质时，会被激发而产生一种报警信号。

2. 压电传感器

压电传感器的核心是由电材料组成的传感系统，它能够向外界的机械传递信息，如将震动、冲击、磨损等转变成电信号传给接收装置和处理装置，然后再把处理后的信号传给反应装置以做出相应的反应和变化。

3. 微芯片传感器

微芯片传感器是将传感器上的微型计算机集成在一块芯片上的装置，主要负责数据的收集并将数据传输到智能终端上。

目前，微电子原件与服装材料结合的方式主要有以下三种。

（1）数字化纤维编制法。将高度集成的微电子器件置于纤维纱线中，或直接在纤维上集成元件，制成含集成电路的数字化纤维，再织成数字化织物，这是一种高级结合方式。通过数字化纤维可以把包含丰富功能的大量电子模块编织在一起，分布在给定的纤维上，每个模块都有能量来源，传感器、少量的工作能量以及启动器。利用这些被数字化的纤维的特殊性能，可以将织物设计成一个柔性网络，分布在服装上，或者依据传统的服装结构，将这些数字化纤维织成可穿的电子智能服装，如图 4－6 所示。

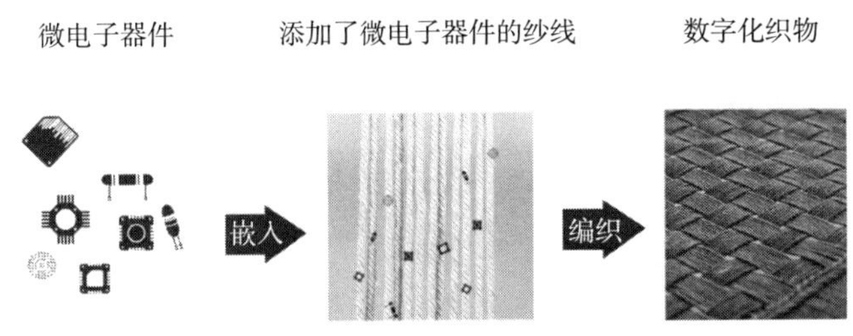

图 4－6　数字化纤维编制法

（2）纺织材料复合法。纺织材料复合法是通过将轻质的导电性织物和一层极薄的具有独特电子性能的复合材料组合在一起来实现微电子元件与纺织品的组合。

（3）纺织柔性电子点阵面料。柔性电子点阵是通过对织物组织结构的特殊设计，将纺织品的编制电路、热变色墨水与驱动电子元件组合在一起。电子点阵具有非放射性、高柔韧性和柔软性的特色。

五、纳米技术与服装材料

纳米技术是 20 世纪 80 年代后期出现的一种新的尖端技术。纳米技术在纺织行业具有巨大的发展价值和发展前景，如在生产新型纺织原料、提高织物功能等方面。

纳米是长度单位，1 纳米 $=10^{-9}$ 米，一个原子约为 0.2 ~ 0.3 纳米。纳米结构是指尺寸从 1 到 100 纳米不等的小结构。纳米技术是对结构小于 100 纳米的物质和材料的研究与加工，即用于生产具有单个原子和分子的物质的技术。

纳米材料是由尺寸为 1 ~ 100 纳米的纳米粒子组成的新型超细固体材料，纳米材料具有纳米级（1 ~ 100 纳米）和特殊的物理化学性质。

（一）纳米粒子的作用

1. 表面和界面效应

表面和界面效应是指纳米粒子表面的原子数与原子总数的比值随着纳米粒子尺寸的减小而大大增加，可使粒子的表面能和表面张力发生很大变化。主要表现为纳米粒子具有很强的化学反应性。

2. 小尺寸效应

小尺寸效应是指纳米颗粒尺寸减小和颗粒中原子数减少所引起的效应。粒子的声、光、电、磁和热力学性质都表现出新的性质，为实用技术开辟了新的领域。

3. 量子尺寸效应

量子尺寸效应是指当粒子尺寸减小到一定值时，接近费米能级的电子的能级由准连续能级变为离散能级的现象。这可能会导致纳米粒子的磁性、光学、声学、热学、电学和超导性等特性与其宏观性质出现巨大差异。

（二）纳米材料的特性

1. 光学特性

与晶体相比，纳米材料具有更强的光吸收、宽频带、强吸收和低反射率特性。例如，不同的块状金属颜色不同，但当细化成纳米级颗粒时，所有金属都呈现黑色。一些物体，如纳米硅，会出现发光现象。

2. 磁性

当粒径减小到临界尺寸时，传统的铁磁材料会变成顺磁性甚至超顺磁性。

3. 电性能

纳米材料具有较小的粒径和特殊的导电性，而金属则表现出非金属特性。

4. 热性能

纳米材料由若干个原子或分子组成，原子与分子之间的结合力减弱，改变三种状态所需的热能相应降低，因此纳米材料的熔点降低。最明显的例子是金的熔点温度超过1000℃，但是金纳米粒子在室温下会熔化。

5. 高吸附性和表面活性

纳米材料的比表面积大，这使得它们对其他物质具有很强的吸附性。并且纳米材料具有很强的表面活性，可以用作强大的催化剂。

（三）纳米服装材料

纳米服装材料在纺织领域主要是把具有特殊功能的纳米材料与纺织材料进行复合，制备具有各种功能的纺织新材料。

1. 制备功能纤维

在化纤纺丝过程中加入少量的纳米材料，可生产出具有特殊功能的新型纺织纤维。

（1）抗紫外线纤维。某些纳米微粒具有优异的光吸收特性，将其加入合成纤维或再生纤维中，可制成抗紫外线纤维。目前主要的抗紫外线纤维有涤纶、腈纶、锦纶和黏胶纤维等，用其制作的服装和用品具有阻隔紫外线的功效，可防止由紫外线吸收造成的皮肤病。

（2）抗菌纤维。将某些具有一定杀菌性能的金属粒子与化纤复合纺丝，可制得多种抗菌纤维，其比一般的抗菌织物具有更强的抗菌效果和更好的耐久性。例如，采用抗菌母粒与切片共混纺丝工艺生产丙纶抗菌纤维，其中母粒中含负荷抗菌粉体10%，共混切片中含抗菌母粒6%～20%，纺丝工艺与普通丙纶基本相同。

（3）抗静电、防电磁波纤维。在化纤纤维丝的过程中加入金属纳米材料或碳纳米材料，可使纺出的长丝本身具有抗静电、防电磁波的特性。例如，将纳米碳管作为功能添加剂，使之稳定地分散于化纤纺丝液中，可以制成具有良好导电性能或抗静电的纤维织物。在合成纤维中加入纳米 SiO_2 等，可以制得高介电绝缘纤维。目前已有抗电磁波的服装上市。

（4）隐身纺织材料。某些纳米材料具有良好的吸波性能，将其加入纺织纤维中，利用纳米材料对光波的宽频带，强吸收、反射率低的特点，可使纤维不反射光，用于制造特殊用途的吸波防反射织物。

（5）高强度耐磨纺织材料。纳米材料本身就具备高强度、高硬度、高韧性的特点，将其与化学纤维融为一体后，化学纤维将具有超强、高硬、高韧的特性。在航空航天、汽车等工程纺织材料方面有很大的发展前途。

（6）其他功能纤维。利用碳化钨等高比重材料能够开发超悬垂纤维。如利用铝酸锶、铝酸钙的蓄光性可以开发荧光纤维，日本开发的以铝酸锶、铝酸钙为主要成分的蓄光材料，其余晖时间可达 10 小时以上①。某些金属复盐、过渡金属化合物由于随温度变化而发生颜色改变，可利用其可逆热致变色的特征开发变色纤维。

2. 纳米纤维的应用

纳米纤维是指直径小于 100 纳米的超微细纤维。这样的纤维直径为纳米级，而长度可达千米，因而在某些性能上会产生突变。当纤维直径为 100 纳米时，其比表面积要比纤维直径为 10 微米的比表面积大 30 多倍。利用纳米纤维的低密度、高孔隙度和大的比表面积可做成多功能防护服。这种微细纤维铺成的网有很多微孔，能允许蒸汽扩散，也就是常称的“可呼吸性”，能挡风并过滤微细粒子。它对气溶胶的阻挡性提供了对生物武器、化学武器以及生物化学有毒物的防护性，其可呼吸性又保证了穿着的舒适性。

3. 功能整理

纳米材料除了能直接添加到化纤中制备功能纤维外，也可加到织物整理剂中，采用后整理的方法与织物结合，制成具有各种功能的纺织品，且涂层更加均匀。还可采用接枝法将纳米材料接枝到纤维上。接枝技术主要用于天然纤维织物后整理，可使纺织品具有新的性能。例如，纳米 ZnO 微粒不仅具有良好的紫外线遮蔽功能，而且也具有优越的抗菌、消毒、除臭

① 王革辉．服装材料学第 3 版［M］．北京：中国纺织出版社，2020：178.

功能，因此把纳米 ZnO 作为功能助剂，对天然纤维进行后整理，可以获得性能良好的抗菌织物。

纳米材料在纺织领域的应用才刚刚起步。近年来，已通过向合成纤维聚合物中添加某些超微或纳米级的无机粉末的方法，经过纺丝获得具有某种特殊功能的纤维。除此之外，还利用纳米材料的特殊功能开发多功能、高附加值的功能织物。目前在国外，用静电纺制备微细旦纤维和对这种微细旦纤维性能及应用的研究已成为热点。

第三节　基于人体工程学的材料加工工艺

服装材料加工工艺是服装成形的关键，通过对服装材料作进一步加工，可以使材料更加柔软、轻薄、保暖，进而达到服装应有的功能和效果。

一、材料与工艺

根据服装面料厚度、性能和质地的差异，采用不同的工艺处理手段。制作衬衣时，线迹针距紧密；制作外套时，线迹针距略大，缝线略粗，以保证服装的结实耐用。运动服装常采用条带装饰，不仅美观，具有活力、结实的条带还能使服装更牢固，不易破损。

在缝制前，一些材料需要经过预处理，使制作出来的服装在穿着过程中符合人体的尺寸。真丝面料较大的缩水率和高滑度，直接影响服装水洗后成品尺寸的变化，为保证成品服装的尺寸不变，在服装制作中需要预缩，否则，成品服装水洗后尺寸会收缩变小，形状变化较大，以至无法穿着。预缩是把面料浸泡在水里，时间不宜过长，以免面料之间相互串色，一般在水中浸泡 10 ~ 20 分钟后取出，挂在阴凉透风的地方，自然风干，然后在面料的反面用熨斗烫平。由于真丝面料的蛋白纤维受到外力摩擦时容易损伤，款式设计不宜太合体，在制定服装尺寸时，最好按适体或稍宽松的尺寸确定，这样服装穿着较为舒适，有飘逸感，还可以防止面料产生抽丝，影响美观。

二、缝线

在服装中，缝线起到连接衣片、固定款式的作用。选择使用不当，不但影响服装质量和服装的外观效果，而且会造成起圈扭结、跳针等现象，降低服装的牢固性，对人的穿着造成不便。

服装中所使用的缝线有诸多样式，但最常用的缝线品种有精梳棉股线、涤棉（65/35）线或其他混纺线、涤纶线等。选择缝线的总体原则是：缝线与织物是同种纺织材料，或缝线的强力及其他性能指标要优于织物；除装饰线外，面线与底线一般相同；缝线与缝料缩水率应基本一致；缝线应柔软而富有弹性，无接头或粗节，卷绕密度均匀，成形良好。缝线须经柔软或加油处理，否则粗大的染料颗粒会使缝线使用性能降低。童装和睡衣中使用的布料，依据相关法律必须做到舒适、阻燃，因此，缝线应采用阻燃材料。

一般纯棉织物应选择棉线或涤棉线，其中以选择涤棉线为佳。棉线有普线、丝光线和蜡线三种，以选择丝光线为好，丝光线色泽鲜明，韧力较强。如缝制各类内衣服装，面料是纯棉的薄织物，可选择棉线；较厚、涤棉或混纺的织物则选择涤棉线；化纤织物选择涤棉线或涤纶线；高级衬衫面线可采用 13 特 ×2（4 单股/2）的包芯线，其中，“4 单股/2”意为由 4 个单股纱线合并成的 2 股纱线；化纤或弹力织物可使用锦纶弹力线；用于服装上的装饰线可用人造丝线；真丝织物选用细度为 44 分特（4040 旦尼尔）×3 的真丝股线。

缝线细度的选择应依据织物面料的纱支和面料的厚薄来选择。缝线的强力要大于织物中单根纱（或丝）的强力，故缝线的细度一般应大于织物中单根纱的细度或与之相仿。同时要考虑缝线的细度与织物的外观相适应。其缝纫线常选的细度有棉线：9. 8 特 ×3、7. 3 特 ×3；涤棉线：8 特 ×2；涤纶线：9. 8 特 ×3、7. 3 特 ×3。

缝线有 Z 捻和 S 捻两种捻向，物理性能都一样，如捻向相反会发生退捻现象，造成线迹质量不佳。现在大部分缝纫机都使用 Z 捻向缝线，极少数特殊缝纫机及刺绣机才使用S捻向缝线。捻度的强弱可通过以下方法进行判断，用手分别握住1米长的缝线两端，将手靠拢，此时，缝线的扭结圈数在10个为宜。

缝线不宜存放太久，存放时间过长，或保管不善会使缝线脆化，强力下降。缝线应具有一定的强力且均匀。面线强力不低于5000牛，底线强力不低于3000牛，强力不均应控制在±10%。

缝线张力要适当，缝线张力在满足缝纫时应保持最低；缝线张力不要全集中在压线器上，要均匀分布在所有导线通道上，主压线器只是用于最后主要调节。低张力可获得良好的线迹，各类缝线张力不应大于800牛，一般的线为500牛，底线为150牛。

三、缝迹与缝型

缝纫的种类很多，根据国际标准，线迹可分为六种类型：链式线迹、仿手工线迹、锁式线迹、多股链式线迹、包缝线迹和绷缝线迹。六种线迹类型如表4-1所示。使用机缝将明线压在衣服上，可以保证缝线的强度，使布面美观，防止衣服在使用过程中开裂，延长衣服的使用寿命。

表4-1　六种线迹类型

线迹种类	线迹样式
链式线迹	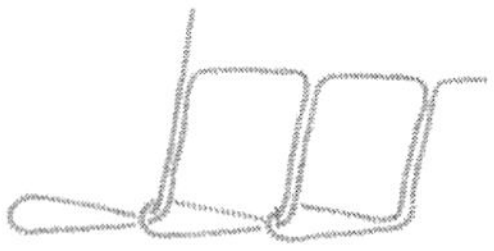
仿手工线迹	
锁式线迹	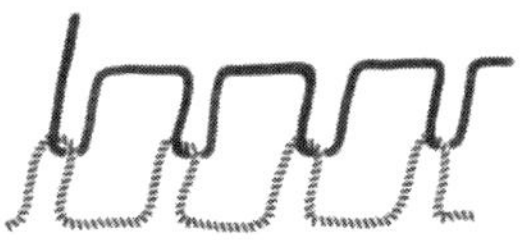

续表

线迹种类	线迹样式
多股链式线迹	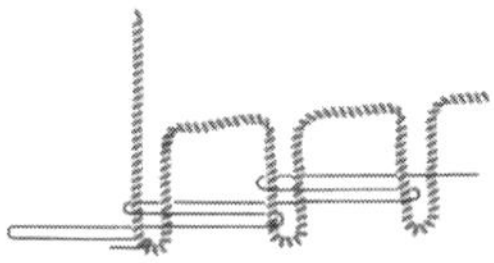
包缝线迹	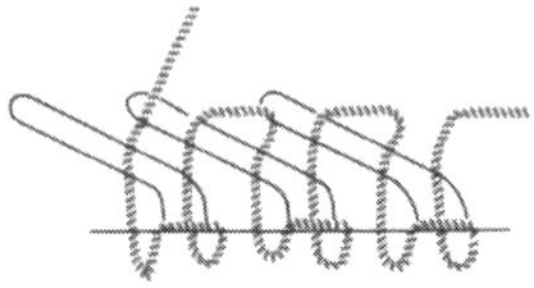
绷缝线迹	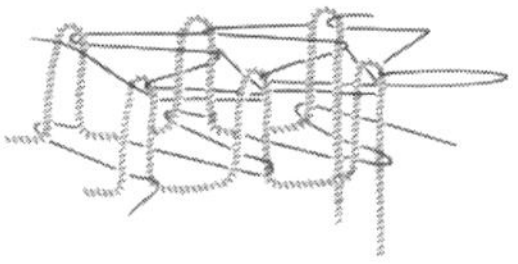

缝迹要求连接布料平滑、无漏针、线迹均匀，并且不损伤布料，同时保持合适的松量，保证服装具有一定的弹性，过紧的线迹容易拉伤面料。缝迹性能要有一定的强度、弹性、耐久性、安全性和舒适性，并保持布料特有的性能，如防水性、阻燃性等。

在平行、垂直方向上，缝迹必须与布料一样结实，并随着衣料的拉长而伸长、回缩而回复。缝迹在穿着、洗涤中须耐磨，保证线迹不磨断、不脱开。贴身衣服或内衣的缝迹不能出现不舒适的凸脊或粗糙。对聚氯乙烯、氯丁橡胶或聚氨酯涂层防水的衣料来说，缝迹针眼会引起漏水，可根据涂层的特点，采用熔结、涂抹堵住针眼。弹力针织面料的泳衣一般用针织专用设备缝制，表面迹线用链式线迹，合缝用五线包缝线迹，贴边、滚边用双针、三针绷缝线迹。此外，弹力针织面料在经过缝制后，往往会产生缝纫工艺回缩，造成服装成品尺寸减小。缝纫工艺回缩率不仅受织物原料及组织结构的影响，也受生产、存放环境以及缝制工艺流程的影响。在生产计划中，必须考虑服装最终穿着。选择缝迹类型时须考虑美感、强度、耐久性、舒适性。

常见的缝制类型有叠缝、搭接缝、滚边缝、平接缝、装饰缝、修边等。服装的款式、部位的不同对缝型的要求也不一样，通常一件服装会采用几种缝型。搭接缝缝迹强度大、耐磨，至少由两片布料组成，牛仔裤、衬衣中常用的是双针包边搭接缝。对滚边材料用斜裁的方法或用弹性布料。

四、针号与缝线

针号与缝线是服装材料重要的加工工艺之一，如果针号和缝线选择不恰当，有可能会带来严重的后果，使得服装失去应有的作用，下文以化学防护服为例，进行详细介绍。

通常来说，化学防护服应用于有毒有害的生物、化学物质等污染和伤害的危险环境中。化学防护服的发展大体经历了隔绝式、透气式、半透气式和选择透气式四个阶段。化学防护服的里层为活性炭球涂层面料，吸附能力强，服装轻，穿着舒适，采用选择性透气膜，能阻止有毒物质通过，而汗液形成的水蒸气能够从里向外排出，达到有效防毒和散热的目的。

通常化学防护服为双层结构，外层采用防水、防油、防静电面料，里层为活性炭布复合面料。

设计上可采用腰部的腰袢调节服装的宽松量，双层袖口将防护手套夹在中间；用袖带的尼龙拉链来固定手套位置和袖口的松紧。下装采用膝盖褶裥，提高了膝关节运动量。裤口双层结构，夹入防护靴，提高防护效能。化学防护服表层要求防油、防水、防静电。工艺中多运用平缝工艺，据测试，缝迹密度、缝纫线细度、机针针号等参数对“三防”功能也有较大的影响。

（一）防油性能与缝迹密度、缝纫线细度、机针针号的关系

当缝纫线细度不变时，缝迹密度对防油性能有一定影响；而当缝迹密度不变时，线的细度越大，防油性能也越好。当缝纫线细度小于 29 特时，无论线迹密度多大，防油性能都不理想。当缝迹密度不变时，机针针号越大，防油性能越好；当机针针号一定时，缝迹密度越大，防油性能也越好。一般情况机针针号应大于 16 号，缝迹密度应高于 15 针/3 厘米。

（二）防水性能与缝迹密度、缝纫线细度、机针针号的关系

当缝迹密度一定时，缝纫线细度变化对防水性能有一定影响；当缝纫线细度不变时，缝迹密度越大，防水性能越好。当机针针号一定时，缝纫线细度越大，防水性能越好；当缝纫线细度一定时，机针针号越大，防水性能也越好。一般机针针号应达到16号，缝纫线细度应大于29特。当缝迹密度一定时，机针针号越大，防水性越好；当机针针号不变时，缝迹密度越大，防水性能也越好。为取得较好的防水效果，缝迹密度应大于15针/3厘米。

（三）防静电性能与缝制工艺

当缝纫线细度小于30特时，缝迹密度越大，产生的静电越小；当缝迹密度一定时，缝纫线细度越大，防静电性能越差。一般缝迹密度小于16针/厘米（缝迹密度为15针/3厘米），缝纫线细度小于30特（缝纫线细度为29特），机针针号为16号，防静电性能较理想。

五、熨烫

熨烫工艺是服装加工中的一项热处理工艺。它是一种采用专用工具或设备，通过加温、加压等手段，使缝制衣物变形或定形的工艺，是服装缝制工艺的重要组成部分。所谓“三分做七分烫”，熨烫工艺贯穿着服装制作的全过程，通过熨烫，不仅可以使得布料的加工（如热塑定形等）更加容易，还可以使得最终制作的成衣更加平挺、整齐、美观。

熨烫对于衣服的最终外形的形成起着很大作用，使衣服的材料更好地匹配人体曲线。尤其适用于毛织物或含毛织物制成的衣服。需要注意的是，合成纤维制成的拖鞋、睡衣、T恤、其他针织休闲装以及夹克或加垫滑雪衫，只需少量蒸汽“整理”而无须熨烫。

用于熨烫的工具主要有熨斗、烫台、喷水壶、烫凳、烫馒、水布、垫呢、长烫凳、拱形木桥等。

1. 平烫

平烫是将衣物放在衬垫物上，依照衬垫物的形状烫平，不作特意伸缩

处理，是最基本的技法，用途最广泛，其用法如下：右手握住熨斗，按自右向左，自下向上的方向推移。

需要注意的是，熨烫时用力要均匀，左手按住布料配合右手动作，使熨斗推动时布料不跟随移动。

2. 归烫和拔烫

归就是归拢，是把衣料按已定的要求挤拢归缩在一起加以定型的手法。简单来说，归烫就是把直线或者外弧衣片边线烫成内弧线。

拔就是拔开，把衣料按预先定下的要求伸烫拔开并加以定型的手法。一般是由内侧边做弧形运行。简单来说，拔烫就是把内弧衣片边线烫成直线或外弧线。

归和拔处理的基本原理是对人体凹进部分的面料采用归缩，对人体凸出部分的面料采用拔长。主要部位有省端、领子、肩、袖窿、袖山、裤腿处。纵观人体体表形态都呈连续的起伏状，如人体后上体，肩胛部向外凸起，腰部向里凹进，后臀部向外凸起，呈连续的凹凸起伏。人体体表虽然起伏多变，很不规则，但从凹凸程度上看，人体体表形态大致由许多非标准的凸面和非标准的凹面构成。凸面表现为人体体表向上凸起，凹面表现为人体体表向下凹陷。凸面形态的中心部位均不同程度地向外凸起，女性以胸部隆起最为明显，男性则以后肩胛骨凸起最为明显。

归、拔通常用在上衣的肩与裤子的裆，裤子的拔裆，将脾下围的量斜着送到臀部，而不是简单地将下档摆成直线后用熨斗烫。正确的拔裆是脾下围略收，臀围略张。立体来看，把下裆膝围点到臀高点的距离人为地拉长，符合人体的静态与动态需求。上衣后肩线的对角线的长度缩短，肩胛方向的长度增加，符合体态特征。

“归、拔”工艺在高档服装缝制过程中起着重要的作用。高档服装效果的优劣主要取决于“归、拔”工艺技能水平，如果掌握不好，会直接影响服装外形美观、穿着舒适性和塑造服装的立体形状。

3. 推烫

推烫是将衣物丝线推移变位，使丝线向定位方向移动的手法。推烫的操作是与归或拔工艺相配合动作，其做法如下：推烫时右手持着熨斗，左手加力，慢慢向前推，把布料推直。

4. 扣烫

扣烫是把衣料折边或翻折的地方按要求扣压、烫实定型的熨烫手法，可以分为扣倒或扣折。前者是指衣片按预定要求一边折倒而扣压烫定型；后者是把衣片按预定要求双折扣压烫定型。

通常来说，衣服的下摆、袖口、裤子的裤口等有倒缝的部位都要用到扣烫。

5. 侧烫

对于衣物上的筋、裥、缝等部分，在熨烫时，又不能影响衣物上的其他部位，就必须应用熨斗的侧面，侧着熨烫。

6. 托烫

托烫是指在“棉枕头”上托着进行熨烫的方法。如肩部、领部、胸部、被子或一些裙子的折边等部位不能将其放在烫台进行熨烫，适宜运用托烫方法进行熨烫。

六、染整技术

（一）小浴比、低给液染色技术

染色过程中若能在保证产品质量的前提下尽可能地降低浴比，则可以达到提高染料利用率、节水节能、减少废水排放的目的，这就促进了小浴比、低给液染色技术的发展。近年来，许多小浴比、低给液新型染色加工设备相继投入工业化应用，其浴比最小可达到1∶2，减少废水排放达30%～50%，节约大量的水、电、能耗及染化药剂。目前低给液染色技术主要以喷雾、泡沫及单面给液方式为主，降低给液率，从而减少废水发生量。

（二）超临界二氧化碳（CO_2）流体染色技术

作为无水染色的另一种方法，超临界 CO_2 流体染色技术已成为近二十年来的研究基准。超临界 CO_2 流体代替传统染浴中的水作为染色介质，与有机溶剂相比无毒、防火、经济、无残留、使用安全、不污染环境。因此，超临界 CO_2 流体染色技术被认为是一种绿色的染色技术，它彻底杜绝了印染过程中污染的发生，简化了染色工艺，降低了能耗，提高了生产和染色的使用效率。

超临界 CO_2 流体染色技术首次成功应用于合成纤维，如涤纶、尼龙等，因为超临界 CO_2 流体对非极性分散染料具有良好的溶解能力。为了克服该技术在天然纤维应用中的困难，大量研究表明，通过对纤维进行预处理，例如，浸渍溶胀剂和相关试剂，可以在超临界 CO_2 流体染色介质中永久改变纤维表面结构。或通过引入疏水基团，添加助溶剂，使用活性分散染料或在超临界 CO_2 流体中使用反胶束系统，以提高染色性能。

（三）等离子技术

等离子技术是指完全或部分电离的气体。气态物质在光、电、热等作用下产生不同程度的分子和电子分离，形成大量带电粒子和中性粒子系统，含有离子、电子和自由基。这是物质聚合的另一种特殊状态，不同于物质的三种状态，也就是通常所说的物质的“第四状态”。从宏观上看，它是电中性的，因此也称为等离子体。等离子体一般分为高温等离子体和低温等离子体，前者也称为平衡等离子体，后者称为非平衡等离子体。低温等离子体主要用于织物的染整。低温等离子体的产生通常采用电晕放电和辉光放电两种。

近年来，低温等离子技术作为一种简单、快速、环保、清洁的染整技术被广泛应用于各种纤维的改性。纤维表面经低温等离子体蚀刻，使织物表面粗糙，减少光的反射，提高织物的表观色深；利用低温等离子体的高反应性，可以将亲水基团引入纤维表面低温等离子体的高活性活化纤维表面并产生自由基，从而引发单体在纤维表面的接枝聚合，修饰纤维表面的亲水性和渗透性，以利于染色和整理。

（四）超声波染整

超声波是人用听觉无法感知的振动波。其频率为 18 千赫兹～10 兆赫兹。超声波有纵波和横波之分。传播过程中需要有弹性介质。在固体中，纵波与横波都可以传播，只有纵波可以在气体和液体中传播。超声波在传输过程中方向性好、穿透力强，在传输过程中会产生机械效应、热效应和空化效应。

在预处理过程中，利用超声波的机械效应、热效应和空化效应，起到乳化、分散、清洁等作用，可以节约能源，加速纸浆膨胀和分离，减少对纤维的损伤，提高退浆率；它还可以降低附着在纤维上污垢的表面张力，对每个表面和底部起到清洁作用，同时空化效应使污垢乳化，有助于消除油污和超声波在漂白中的空化效应。纤维内部的比表面增加与化学试剂的接触面积，加快了反应速度，同时有助于打散色系，从而起到变色的作用。超声波染色也有很大改进，可以减少加工时间、能耗和污染。

第四节　基于人体工程学的服装设计理念

服装制作工艺是服装设计的关键技术之一，通过各种各样的服装制作工艺，才能最终制作为西装裙、西裤、衬衫、毛衣等各种类型的服装，为使所设计的服装更好地满足人体工程学的要求，设计者必须遵循一定的服装设计理念，下文主要介绍几种基于人体工程学的服装设计理念。

一、基于人体工程学的西装裙

（一）西装裙的外形及规格

西装裙是女士在工作和生活中经常穿着的服装之一，其外形和规格如下。

西装裙前身居中设一暗裥，暗裥上部缉明线，前腰收两个省，后腰收四个省，右侧缝开门处装拉链，如图 4 - 7 所示。

女子中间体型 160/66A 西装裙成品规格一般取裙长 56 ~ 60 厘米，腰围 68 厘米，臀围 94 厘米。西装裙部件由面料类及辅料类组成，面料类：前裙片一片，后裙片一片，腰面、腰里连口一片，里襟一片。辅料类：腰衬一片，侧缝拉链处牵带一根，里襟衬一片，拉链一根，四件扣或裤钩一副。

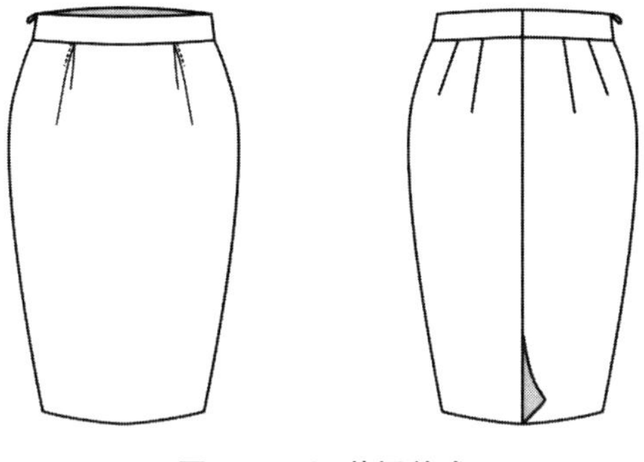

图 4－7 西装裙款式

西装裙制作工艺流程如下：

做标记→锁边→前、后片收省→烫省→塞、缉前裙片暗裥→缝合侧缝→装拉链→做腰头→装腰头→扦底边→整烫。

（二）人体工程学对西装裙的设计要求

在人体工程学中，要想设计出符合人体需求的西装裙，使人们的生活和工作更加便捷，在设计西装裙时需要遵守以下要求。

1. 舒适性

西装裙应当具有保温、防寒和舒适的作用，因此，在设计西装裙时，应选择柔软、具有保温作用的面料，其长度不宜过短，最好保持在膝盖上下的长度。

2. 美观性

美观性指文化理念的艺术体现，它体现人文精神与文化内涵。服装设计师应引导人们的审美情趣，综合多种艺术效果产生自然熏陶作用，通过造型（款式）、材料、工艺、强化装饰来营造服装艺术形象。

西装裙的主要适穿人群为年轻女士，其对服装有着美观性需求，希望在穿着西装裙中展现出人体曲线美，其设计要求如下。

（1）腰头宽窄顺直一致，无链形，腰口不松开。

（2）门里襟长短一致，拉链不能外露，开门下端封口要平服，门里襟不可拉松。

（3）暗裥封口要平服、止口明线要顺直，活裥部分不能豁开或搅拢。

（4）整烫要烫平、烫顺，切记不可烫黄、烫焦。

3. 个性化

强化个人品格，注重表现自身审美取向是服装品位的具体体现。个性追求是对“大一统”服装形象的全面否定，它顺应人对物质与精神表现的诉求，既丰富了人们的生活情趣，也使人们的精神情操得以升华。

因此，在设计西装裙时，设计者应当考虑着装者对个性化的追求，设计出符合人体工程学且具有个性化的服装。

（三）设计西装裙的人体工程学依据

在设计西装裙时，设计人员必须掌握一定的人体工程学知识，这样才能让设计出的西装裙呈现出最佳效果，其依据主要体现在以下几个方面。

1. 人体生理测量值

在设计西装裙时，需要让服装在契合人体生理结构的同时，不会影响人的正常运动。设计者应当掌握必要的人体形态测量值，才能设计出最适宜的服装，具体内容如下：

（1）人体腰围测量尺寸；

（2）人体下肢活动范围；

（3）人体下肢测量围度，包括大腿最大围、小腿最大围等相关数据。

2. 环境条件

不同的环境下，着装者对西装裙的要求存在差异。例如，如果工作人员是在恒温的环境下工作，则需要选择轻柔的面料。如果工作人员需要去室外工作，面临较大的温度差异，则需要选择具有保暖功能的面料。在设计西装裙时，应当考虑以下因素：

（1）温度；

（2）湿度；

（3）风速；

（4）气流。

3. 心理因素

除上述因素外，在设计西装裙时，还要考虑人体的心理因素。如果裙子的长度过短，可能会引起某些女性的不适甚至反感。因此，在设计西装裙时需要考虑共性的心理诉求，如职业特性、企业性质等。

二、基于人体工程学的西裤

（一）西裤外形及规格

西裤是常见的服装类型之一，适用于多种工作环境，在服装外形、服装规格以及服装面料类型方面，女西裤和男西裤存在差异，具体体现在以下几个方面。

1. 女西裤

女西裤外形特点为装腰头，前腰设一折裥，后腰收四个省，直插袋，偏开门，腰头上安装五根串带袢，如图 4－8 所示。

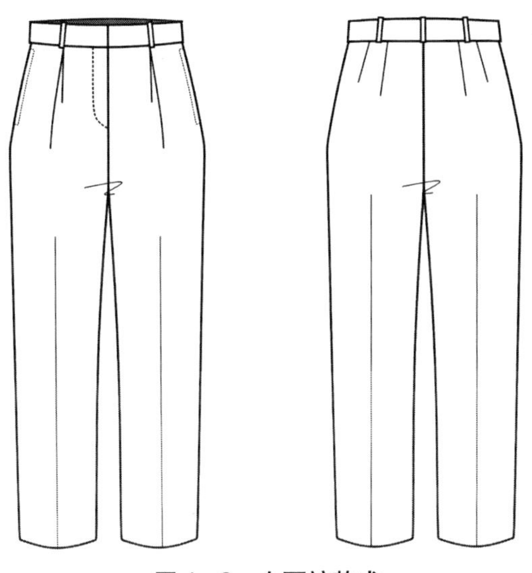

图 4－8　女西裤款式

女子中间体 160/66A 女西裤规格为裤长 100 厘米，腰围 68 厘米，臀围 100 厘米，脚口 40 厘米。

女西裤部件分为两类，面料类及辅料类。面料类包括前裤片两片，后裤片两片，腰面、腰里各一片，垫袋布两片，里襟一片，串带袢五根。辅料类包括腰衬衣片，兜布两片，四件扣或裤钩一副。

2. 男西裤

男西裤外形装腰头，串带袢七根，前开门，门襟装拉链，前裤片反裥左右各两个，侧缝斜插袋左右各一个，后裤片收省左右各两个，双嵌线开袋左右各一只，平脚口，如图 4－9 所示。

图 4－9 男西裤款式

男西裤部件主要分为以下四类：第一，面料类，前裤片两片，后裤片两片，腰面一片，串带样七根，插袋袋垫布两片，后袋嵌线布四片，袋垫布两片；第二，里料类，包括腰里一片；第三，衬料类，腰衬一片；第四，其他类，侧缝袋布两片，后袋布两片。

通常来说，西裤的制作工作包括以下步骤：做标记→锁边→收省、烫省→缝合侧缝、烫侧缝→做、装侧袋→缝合下裆缝→前后裆封→做腰头→装腰头→做、钉串带→扦底边→整烫。

（二）人体工程学对西裤的要求

需要注意的是，女士的下肢往往比较丰盈，因此在设计尺寸时应当根据人体生理特点和形态差异进行设计。在人体工程学中，要想设计出符合人体需求的西裤，使得人们的生活和工作更加便捷，应当遵守以下要求。

1. 舒适性

西裤应当具有保温、防寒和舒适的作用，因此在设计西裤时应当选择柔软、厚实、具有保温作用的面料。由于人们往往会在不同的工作环境中进行较长时间的活动，甚至需要进行较长时间的站立或端坐，如果西裤不够舒适或过于厚实，反而会降低人们的工作效率。因此，在设计西裤时，在符合人体生理构造的基础之上，应当以舒适性为原则，在面料选择和结构功能方面以舒适性为主。

2. 功能性

功能是现代设计最为注重的内容，服装价值以功能的绩效权衡。

服装设计不仅要追求审美，更要注重与人体机能、形态、便利程度、适应性、生理与心理需求相吻合，最大限度发挥服装效能。因此，在西裤结构设计方面，应当不妨碍工作人员在工作空间中的行动，力求便捷而无羁绊之感，因此，需要满足以下要求。

（1）各部位规格准确、用料正确。

（2）腰头顺直，宽窄一致，里料平服不倒吐。

（3）袋布平服，袋口松紧适宜，左右对称。

（4）右开口平服，门襟、里襟长短适宜。

（5）串带长短一致，位置正确，左右对称。

（6）各条缉线顺直，不吃不伸，双线部位重合在一起；明线整齐，宽窄一致，封结牢固。

（7）外观整洁，无脏污、线头、粉印等。

（8）熨烫平挺，无焦、黄、极光、折印等。

（三）设计西裤的人体工程学依据

在设计西裤时，设计人员必须掌握一定的人体工程学知识，这样才能让设计出的西裤发挥出最大的效用，其依据主要体现在以下几方面。

1. 人体生理测量值

在设计西裤时，设计者应当掌握必要的人体形态测量值和数据，进而设计出符合人体形态的西裤，具体包括人体下肢测量围度、人体站姿测量数值、人体坐姿测量数值、人体坐姿离地高度等。

2. 环境条件

不同的环境对西裤的要求有所差异。在不同的工作环境中，所穿的西裤应当有针对性，否则容易由于服装不合适而降低人们的工作效率。在设计西裤时，应当考虑以下环境因素。

（1）考虑人们工作环境或场合的最高温度、最低温度及舒适温度，进而保证服装的保暖和防护功能。

（2）考虑人们工作环境或场合的湿度，其所在地区是否足够潮湿，并将此作为依据，选择具有针对性功能的面料。如果人们所在地区的纬度较低（如江西、浙江等），空气比较潮湿，则需要考虑防潮性较好的衣服，以便让人感到舒适。

（3）考虑人们工作环境或场合的工作属性，以更好地关注和保障人们的心理健康。

三、基于人体工程学的衬衫

（一）衬衫外形及规格

衬衫是人们常穿服装类型之一，在工作场合穿衬衫不仅可以体现出人们的专业性，同时可以使人们看起来更加干练精神，无形之中能够提高人们的工作效率。然而，如果衬衫的设计不够科学合理甚至不符合人体的结构，则会降低人们的工作效率。

1. 女衬衫的外形和规格

外形：关门小方领，前开直门襟，5 粒明扣；前肩有对向胸部的肩省，一字单嵌线口袋，平后背有肩省；正片原装袖，袖缝下留开口，推碎褶，绢窄方袖头并锁眼、钉扣。

规格：挂面宽 6 厘米，叠门 1.7 厘米，袖克夫长 22 厘米，袖克夫宽 4 厘米，袖叉长 8 厘米，袖叉宽 1 厘米。

2. 男衬衫的外形和规格

外形：尖角立领，6 粒纽扣，左前身胸贴带一个，装后肩，后片左右裥各一个，直摆缝，平下摆，装袖，袖口开叉三个裥，装圆头袖。

规格：袖克夫宽 6 厘米，大袖叉宽 2.5 厘米，小袖叉宽 1 厘米，翻领宽 4.3 厘米，底领宽 3.8 厘米，底边宽 1.5 厘米。

制作衬衫的工艺流程如下：做缝制标记→收前、后肩省→做口袋→合肩缝→做领子→绱领子→做袖子→装袖子、合摆缝、袖底缝→装袖克夫→卷底边→锁眼、钉扣→整烫成品。

（二）人体工程学对衬衫的要求

基于人体工程学的要求，为设计出符合人体生理结构和工作要求的衬衫，应当满足以下几点要求。

1. 舒适性

舒适性是服装各部分与人的要求完美匹配而达到的一种从容、畅快的状态。它符合人的感知和触觉要求。服装不应让人产生疲累感，服装设计师的设计应回避紧束、吊勒、皱巴所带来的烦恼。

因此，在休闲西服或衬衫中，应当摒弃领结、三角式折领衬衣。同时，衬衫应当具有保温、防寒和舒适的效果，尤其是衬衫和人们的皮肤直接接触，更应当注重其舒适性。在选择面料时应当以柔软贴肤为主。

2. 功能性

在衬衫结构设计方面，应当使得人们的胸部、背部以及肩部等可以自如活动，并具有一定的美观性，因此，需要满足以下几点要求。

（1）符合成衣规格。

（2）领头、领角长短一致，装领左右对称，领面有窝势，面里松紧适宜。

（3）压缉领面要离领里脚 0.1 厘米，不要超过 0.2 厘米，不能缉牢领里脚。

（4）底边宽窄一致，缉线顺直。

（三）设计衬衫的人体工程学依据

在设计衬衫时，设计人员必须掌握一定的人体工程学知识，以设计出符合人体生理特点的衬衫，其依据主要体现在以下两个方面。

1. 人体生理测量值

在设计衬衫时，设计者应当掌握必要的人体形态测量值和数据，进而设计出符合人体形态的衬衫。因此，设计者应当掌握基本的人体生理测量值。

（1）人体上肢测量围度。

（2）胸部围度。

（3）腰部围度。

（4）人体站姿测量数值。

（5）人体坐姿测量数值。

2. 环境条件

在人体工程学中，人体—服装—环境系统的和谐十分重要，只有该系统达到统一，才能更好地提高人们的工作效率，发挥出人体服装应有的作用。因此在设计服装时，必须考虑环境条件和服装两者之间的关系。

不同的环境对衬衫的要求有所差异，例如，在天气炎热的地区，其衬衫面料的选择应以贴肤、透气、吸汗为标准，以便更好地使人体达到相对舒适的状态。再如，在银行工作的人员，其衬衫的样式应当整洁大方，不宜过分时尚，以体现出人们的专业性。

四、基于人体工程学的防护服装

服装的基本性能之一就是防护人体。服装防护性能是人体形态与生理的基本要求，服装对人体的防护可以有效避免人体受到外来因素的伤害。

（一）基于人体工程学的防护服装

服装人体工程学的目的在于最大限度满足人体的需求，使得服装—人体—环境系统达到最佳的匹配状态。

由于人的生活和工作环境存在较大差异，尤其是某些人会在非常态环境中进行工作，因此在设计防护服装时，必须考虑人体形态和生理特征等因素，进而让所设计出的服装能够适应特定环境的需求，满足不同人体的需求，使得防护服装发挥出应有的作用和效果。例如，充气式的救生服装，往往能够保障海员或船员在水中作业的生命安全，在设计该类服装时，不能过多考虑形式美，而要以安全防护为首要考虑因素。

1. 防护服装

所谓防护服装是指作业人员在特定的工作空间穿用的劳动保护衣具，属于职业服装的范畴，其设计需要遵守以下原则。

（1）保护原则：以人体所处的环境条件作为防护服装的出发点，能够对人体进行全方位的保护。

（2）处境原则：要求人体服装保护功能和构成形式相适应，且能够适应人体的生理特征和结构。

（3）人身原则：在特定的环境中，防护服装要能够保护人身安全，使人体舒适。

保护、处境、人身三者之间只有在互相关联、互相配合以及互相匹配的前提下，才能真正实现防护服装的工学价值。

2. 防护服装的类型

防护服装可分为一般作业防护服和特殊作业防护服两类。前者是指人体在常规工作环境中所穿的服装，由于工作环境对人体没有直接的损害，因此这类防护服装兼顾职业功能和防护功能，具有团体标识的作用，如电梯操作工服装、电子流水线人员服装；后者是指在非常规环境中工作所穿的服装，由于环境因素（如明火、有毒气体、化学药品等）可能对人体造成伤害，因此，其服装的设计更加偏重于防护功能，如防火服等。

（二）人体工程学对防护服装的要求

基于人体工程学的要求，想要设计出真正符合人体需求的防护服，达到人体—服装—环境的和谐统一，在设计防护服装时应满足以下几点要求。

1. 安全性

安全性包括人的生理安全与心理安全。在防护人体的基础上，以着装人的需求特点为核心，在安全尺寸、安全结构、安全材质、安全色彩、理化指标等方面确保人身安全。因此，无论在任何工作空间（环境）中，防护服装都应有效地保障作业人员不受外界各种因素的直接或间接的伤害。

2. 功能性

在防护服装结构设计方面，应当不妨碍作业人员在工作空间中的自由行动，防护服装的设计应当注重轻巧、便捷，在防护人体的基本前提下，最大限度提高作业人员的工作效率。

3. 舒适性

防护服装应当满足保温、防寒和温度控制等要求，力求在防护服装内形成温度在20℃～25℃、湿度在40%～60%的小气候（比生活服装内温度32℃要低），使作业人员感到舒适。

4. 管理性

在同一工作空间（环境）中作业，力求让防护服装的形态、色彩、职业标志统一，使每种防护性服装都具有职业标识的符号意义。例如，“白大褂”在通常情况下，代表着医务形象。

5. 健康性

健康性包括卫生学要求及环保要求，防护服装在设计时，应考虑人体的健康平衡，能够对人体机能起到良好的保障作用。因此，防护服装必须满足健康性的要求，如考虑人体生理代谢、微生物量、热平衡关系、纤维与染料的化学性等方面，尽可能降低对人体健康的影响。

不同环境条件下，防护服装在款式结构和功能取向等方面需要满足不同的要求，如五金机械操作人员的防护服装，应当选择具有耐磨、耐脏功能的面料，在款式结构上应当满足袖口、颈部、衣下摆收紧的结构。因此，在设计防护服装时，服装设计师应根据人体所处的环境、着装者的要求，进行灵活设计。

（三）防护服装设计的人体工程学依据

在设计防护服装时，设计人员必须掌握一定的人体工程学知识，这样才能使得设计出的防护服装发挥最大功用，达到人体—服装—环境的统一。想要设计出符合人体需求和工作环境要求的防护服装，应主要侧重以下几个方面。

1. 生理测量值

在设计防护服装时，要让服装契合人体生理结构的同时，不会影响人体的行动。由于防护服装具有特殊的功能，不能影响操作人员的行动，因此只有最佳功能尺寸才能发挥出防护服装的价值。所谓最佳功能尺寸的获取，需要根据以下要求进行设计。

（1）人体测量尺寸与最小功能尺寸。

（2）最佳功能尺寸的综合设计参数。

（3）人体上肢活动范围。

（4）人体下肢活动范围。

在设计服装时，服装设计者必须了解人体的生理测量值，进而获取最佳功能尺寸。例如，清洁工在工作环境中上肢的活动范围较大，因此应当满足上身宽大、袖口抽紧的设计要求。

2. 防护性质

由于人体面对的工作环境不同，防护服装对火电、药品、酸碱等防护要求有所不同，因此防护服装的性质亦不相同，存在较大的差异性。例如，防火与防水、防酸和防碱。综上所述，设计人员只有对工作环境有充分的了解，才能设计出具有特定功能的防护服装。

3. 环境条件

即使是相同的作业内容，不同的环境对防护服装的要求亦有所差异，因此需要根据工作环境对防护服装进行设计。

在设计防护服装时，设计师必须了解作业的环境条件，进而设计出符合人体工程学的防护服装。例如，同样是油漆作业人员的防护服，在恒温的工作环境中，应当按照季节温度、湿度的不同选用不同保温性能的面料。

4. 心理因素

除上述因素之外，在设计防护服装时，还要考虑人体的心理因素。一般来说，防护服装偏重社交性及共性的心理定式，统一的服装与统一的标识是缩小人们心理距离的最佳手段。

需要注意的是，防护服装只注重共性心理内容，如职业特性、企业性质、企业身份、企业在同行业的地位等方面，回避表现作业者个性心理要求，如某人要开放式、某人要传统式，一般不列入设计策划的内容。

（四）基于人体工程学的防护服装类型

根据防护服装功能、结构的不同，可以将其分为以下几种类型。

1. 防火隔热服装

防火隔热类的防护服装，无论有无空调型装置，均有一些共同的工学要点。

（1）织物要具有反射热辐射的功能。

（2）织物要有一定的厚度来发挥其隔热性。

（3）要用抗压层防止受热表面与身体直接接触。

（4）设置防潮层预防身体被服装表层的热蒸汽烫伤。

（5）所有材料应具有不易燃性与无热粘附性的特点。

（6）面料最好具有一定的透气性以利于体内汗液蒸发。

对于设计师来说，无论什么造型或选用什么材质，以上要素是检验隔热防火服合理性的关键因素。因此，设计师在设计防火隔热服装时，需要根据上述工学要点选择合适的服装材料、服装形态和服装性能。

2. 防寒防护服装

如果人体是在比较寒冷的工作环境中进行工作，则人体的体温、体表温度等都会有所下降，一旦下降到35℃以下，则身体容易出现不同程度的功能紊乱，因此有必要设计防寒服装。

人体在不同温度下冻伤的时间并不相同，通常来说温度越低，冻伤的速度越快，且肢端部位往往最先冻伤，如表4－2所示。

在设计防寒服装时，表4－2可作为设计防寒服装的指数参考，注重人体肢端部位的保护。

防寒服装的材料以保温性好、导热系数小、外表面吸热率高为首选，服装内胆填充物以棉花、鸭绒为主，外层面料用棉纤维及混纺织物为宜，动物毛皮及人造毛皮也可作为内胆或外层面料。

表4－2　在不同温度下手指和脚趾冻结所需时间

温度（℃）	足趾裸露冻结所需时间（分钟）	穿防寒鞋脚趾冻结所需时间（分钟）	戴绒质手套手指冻结所需时间（分钟）
－20	12	>120	>30
－30	8	90～120	20～30

续表

温度（℃）	足趾裸露冻结所需时间（分钟）	穿防寒鞋脚趾冻结所需时间（分钟）	戴绒质手套手指冻结所需时间（分钟）
-40	6	90~120	20~30
-50	4	70~90	10~20
-60	2	70~90	10~20
-70	1	40~60	3~5

3. 防毒服装

在设计防毒服装时，要想使服装更加契合人体工程学，在选择材料时要以密封性较好的材料作为首选，通常包括以下两类。

（1）胶布防毒服装。

用天然橡胶涂层粘在棉织物的正反面，经硫化而成，再缝制或黏合成衣，款式有连体式（连衣裤）及带防毒面罩两种。

（2）塑料防毒服装。

用聚乙烯或聚氯乙烯塑料制成，连体式为佳。该种服装比胶布防毒服装分量轻，具有防水防油特点，但其不透气，卫生性差，且不能在高温或低温环境下使用，否则易软化或硬脆易折。

4. 防酸碱服装

防酸碱服装面料（表层）需具有密闭性质，款式以连体式或两截式（带帽）为宜，袖口、衣领、下摆、裤口等处均收紧并不宜有口袋，防止渗入或积存化学物质。

耐酸碱性的合成纤维，其从优到劣的排序为：氯纶 > 丙纶 > 腈纶 > 涤纶。部分合成纤维耐酸碱度比较如表 4-3 所示。

表 4-3　部分合成纤维耐酸碱度比较

性能内容	丙纶	氯纶	涤纶	腈纶
耐酸性	优良（除浓硝酸及氯磺酸外）	优	较好（除浓硫酸外）	良好

续表

性能内容	丙纶	氯纶	涤纶	腈纶
耐碱性	优	良好（在浓氨水中强力不下降）	耐弱碱液，在浓碱液中温度增高，纤维脆损	良好（50% 苛性钠溶液及 28% 氨水中强度不下降）
耐有机溶剂	对某些氧化剂易溶解	回避氧戊环、环己烷，遇到酮、苯、三氧化乙炔、亚甲基氯化物等即膨润	一般不溶解，在甲酚、一氯甲酚中溶解	一般不溶解，在乙腈、丁二腈、氯苯二甲砜中溶解

5. 等电位均压服

等电位均压服是指可以使人体电位和均压服电位相等的特殊服装。该类服装可以使作业服和高压导线流过的电流呈等电位，让人体有效避免电击伤害，适用于带电作业人员。

在设计等电位均压服时，需要采用特定的服装材料，即细铜丝与玻璃纤维或蚕丝棉纤维拼捻织成的布料，以便于使用金属带将身体各个部位连成整体。通常可以将这种材料分为三种规格，即直径为 0.025 毫米、0.03 毫米、0.05 毫米三种。

需要注意的是，等电位均压服不宜与皮肤直接接触，内衣可充当等电位均压服与皮肤的隔离物。目前，国内生产的等电位均压服限于 220 千伏以下的高压带电作业，通常和地面保持 1.8 米高度。一旦超过 220 千伏电压，则应当提高与地面的高度，保持 2.6 米高度。

6. 其他防护服装

除了上述防护服装，还有水上救生服、抗静电工作服、防水服与防油服等防护服装，在设计这些防护服装时，需要注意以下事项。

（1）水上救生服。水上救生服可以分为充气式和固体式两种，由于人体的密度大于水的密度，因此水的浮力并不能将人体托出水面，需要借助浮体材料使得人体肩胛以上部位浮出水面。

在设计水上救生服时，应当遵循以下要求。

①可穿、套在人的躯干部位，样式通常为背心式、四浮袋式、条式。

②浮体材料以软质闭孔泡沫塑料（做内胆）为主，还有聚乙烯、聚氯

乙烯、木棉、软木等材料。

③水上救生服的色彩一律为安全色——橙色。

（2）抗静电工作服。

抗静电工作服的主要作用是避免静电积累与放电现象，预防因静电积累造成的燃烧和爆炸事故，在设计该类防护服时应当遵循以下要求。

①材料通常为导电纤维材料。

②符合人体体态测量的相关数据，以便于人体可以自由活动。

③适应金属机械等工作环境，以有效避免静电的积累。

通常来说，抗静电工作服的面料有两种：一是用直径 8 ~ 50 微米的不锈钢、铜、碳丝和其他纤维混纺；二是用抗静电剂的有机化纤丝。

（3）防水服与防油服。

防水服与防油服的主要作用是防止水、油等污染，以有效保护人体，在设计该类防护服时，应当遵循以下要求。

①防水服通常选择涂层布、橡胶、塑料等材料。

②防油服选择耐油橡胶、聚氨酯塑料和含氟涂料布等材料。

第五章

CHAPTER 5

服装人体工程学与人的感知心理系统*

人对外界视觉信息的感知，最终会作用于人的心理。人对服装的感知，主要通过视觉信息，传递到人的视觉器官，而后人的心理产生一系列复杂的变化。本章主要在服装人体工程学的基础上，对服装感性设计、服装色彩设计、服装形态设计、服装标志图形设计四个方面进行深入的探讨和分析。

第一节　基于服装人体工程学的服装感性设计

现代服装设计要求已经不仅仅停留功能层面上，而是对感官（如视觉、听觉、触觉等）和心理（如满足感、成就感等）提出了更高的要求。感性作用于人的感觉器官，并因此而产生感觉、知觉和表象等直观认识。服装的人性化主要追求以人为本，为人的需要而设计，人是服装设计的出发点与归宿。人性化的服装是人与服装的完美结合，不仅具有使用功能和审美功能，也能反映出人文关怀、民族传统、历史文化等多个方面。

---

* 本章图片均由笔者自行绘制。

人的行为与心理存在个体性差异，但总体而言，个体间也有着一些共性特征，都有着通过类似的方式做出反应的特点。例如，服装的领域性与归属感需求。一个公司会通过制服来强化服装领域性，或通过佩戴企业标识以获得归属感。不同民族、性别、职业或文化等的群体都会有其自身特色的服装。艺术理论家约翰内斯·伊顿（Jogannes Itten）说："在眼睛和头脑里开始的光学、电磁学和化学作用，常常是同心理学领域的作用平行并进的。色彩经验的这种反响可传达到最深处的神经中枢，因而影响到精神和感情体验的主要领域。"① 客观存在的色彩，被人感知后就具有了感性色彩，既能满足视觉享受，又能愉悦内心。在现实的消费实践中，让人心里愉悦的服装，比服装的使用功能更能获得消费者的认可。

不同的国家或民族，其文化背景和文化内涵均不尽相同，有相似文化属性的事物更容易触发人们心理上的共鸣。在服装设计中融入历史文化、情感、心理、道德等多方面因素，能给人留下更为深刻的印象，带给人更多想象的空间，使外表看起来没有温度的服装设计更富于生命感与人文气息。

服装感性设计的内涵，就是在现有的物质条件和技术水平下，将设计的物质功能进行彻底优化，使服装设计充分适应人的生理结构和行为方式，为人们提供良好的着装体验。更为重要的是，在服装感性设计中，还要关注人的历史情怀和人文需求，最大化满足人在着装时的内在需求，将人的心理、情感、个人感受等放在设计的首位，尊重人的情感表达与内心诉求。

一、服装对人的心理影响

在日常生活中，人们在着装时，会不由自主地感受到服装对其产生的影响。这种影响来自各种外界带来的刺激，服装的色彩、款式、材料等，其给人带来的各种不同的感官刺激，都会对人的心理产生不同程度的影响，进而形成不同的心理暗示。

---

① 黄玮雯．视觉传达情感理念设计表现研究［M］．长春：吉林美术出版社，2017：213.

人的眼睛能够分辨同一颜色由深到浅的300多个变化，因此，人眼具有较高的敏感度，每一区分度的颜色都能对人的心理产生不同的影响。而不同的颜色，更容易对人的大脑产生明显不同的刺激，进而也将产生不同的心理感受，如表5－1所示。

表5－1　不同颜色产生的抽象情感

颜色	抽象情感	波长（纳米）	频率（太赫兹）
紫	神秘、梦幻、尊贵、优雅	430～380	700～790
蓝	辽阔、深远、理智、洁净	500～430	600～700
青	清丽、柔和、朴实、阴险	500～485	600～620
绿	生机、青春、活力、舒适	577～492	520～610
黄	积极、明快、轻松、光明	595～570	505～525
橙	温暖、欢喜、疑惑、危险	625～590	480～510
红	热情、活泼、张扬、恐怖	780～620	380～480

从表5－1中，能够清晰地看到，不同的颜色带给人的心理感受不同。赏心悦目的颜色能给人带来愉悦之感；刺目的颜色会让人烦躁；热烈的颜色让人兴奋而充满活力；柔和的颜色给人带来安静。完美和谐的颜色搭配，能让人心情愉悦并充满自信，而不和谐、不适宜的颜色搭配，则可能让人感到消极沮丧。色彩的视觉信号能够对人的视神经产生刺激，这种刺激会通过神经网络传递到人的大脑皮层，进而控制和影响人的内分泌系统和情绪。例如，在工厂操作间作业的工人，其工作服通常选用蓝色材质，主要原因为工厂机器噪声较大，容易让人内心烦躁，而蓝色能够平复人的情绪，缓解内心的烦躁不安。

服装不仅对人有着短期的影响，长期穿着某种类型的服装，还会在一定程度上影响人的性格。心理专家指出：青少年长期身穿印有暴力图案的衣服不利于其身心健康成长①。

服装不仅短期内对人产生影响，长时间穿着某种款式的衣服，也会对

---

① 张建兴. 服装设计人体工程学［M］. 北京：中国轻工业出版社，2010：75.

一个人的性格产生长远影响。针对服装对人心理的影响，美国心理学家琼斯和托尼设计了一项心理学实验。他们将 40 名女性网友分为 4 组，第 1 组穿医护服，不戴口罩；第 2 组穿医护服，戴口罩；第 3 组穿黑色职业装，不戴口罩；第 4 组穿黑色职业装，戴口罩。如图 5－1 所示。

图 5－1 服装对人心理影响实验

在这个实验中，所有受试女性都需要回答相同的若干个问题，当某位受试者回答错误时，就会有轻微的电流通过其身体，以示惩罚。问题回答正确时，则不会受到轻微电击。实验结果表明，受轻微电击最多的第 4 组，当受试者穿着黑色职业装、戴着口罩时，最容易答错问题。

研究者在实验中还发现，穿医护服的受试者有更强的亲和力和服务意识，相比较而言，穿黑色职业装的受试者的亲和力和服务意识更低。而在穿着相同服装的受试者中，是否戴口罩对试验结果有着很大的影响。戴口罩的目的是让其他人无法看清自己的表情，不知道自己的意图，因此，在做一些事情的时候就可以更加肆无忌惮，为所欲为，其攻击性也会大大提高。这一组的受试者因此就会对是否能够回答对问题，显得不那么重视，认为答错了也无所谓，进而最终的试验结果也证明了这一点。

通常来说，人们根据自身不同的社会角色来选择与之相匹配的行为，在职场，需要树立商务和专业的形象；在家庭，需要塑造有责任感和有依靠的形象。社会角色对人所产生的影响，其中很重要的一个方面是通过服装来展现的。而服装像是某种束缚，对人会产生一种无形的约束，人们在做事或说话时，在经意或不经意间都会受这种无形约束的影响。长期下来，人的性格会受这种影响而发生改变，甚至有可能重塑一个人的品性。

服装的款式设计和构造特点，能够决定一个人更倾向于做某事，或是更不愿意做某事。在家里穿笔挺的西装，会让人感到不舒适；运动时穿裙子，可能更容易让人受伤。因此，服装影响了人的各种行为，而人的一些长时间的固定的行为，又影响了人最终性格的形成。除此之外，一些家长会让男孩在小时候穿上女孩的衣服，在懵懂阶段的男孩自然会把自己当作女孩，跟女孩一起玩耍，模仿女孩的行为和说话方式，长大后，这个男孩就更容易造成性别和心理上的错位，相应的心智也会出现无法逆转的问题。从这一方面来考虑，童装在设计之初就应当考虑性别上的差异性，对男孩和女孩的童装进行明显的区分，尽可能在性别的区分上减少对孩子的长远影响。

服装设计中有着清晰的性别区分，这也是人社会属性的突出表现。经过漫长的历史发展，人类文化不断积淀，人类也逐渐形成了服装性别的观念，全世界各个地区几乎都把女性的服装设计得五彩斑斓、形式万千，女性服装有着更多的表现空间，女性在展现自身审美方面，有了更多的选择。因此，在大多数的服装展示、服装表演、服装销售中，女装占绝大多数。相比较而言，男装则相对单调而保守，男装更侧重于实用，款式也更为单一平实，色彩变化也不如女装丰富。

二、人的心理行为模式与服装设计

具有自然属性的人的行为模式，都是从人最根本的需求出发的，不管是寒冷、炎热，还是恐惧、饥饿等。例如，在大风中或寒冬腊月的街头，人都会不由自主地把领口扣紧或是把领子竖起，以抵御寒冷，如图 5 - 2 所示。

在设计服装领部时，要充分考虑着装人的身材比例、领口尺寸，以及扣上领口扣子或是拉上领口拉链时，着装者脖子的舒适度和衣服的密封性等细节问题。

又如，一般衬衣的口袋都设计在左侧，以便大部分人用右手取放物品时更顺手、更方便，如图 5 - 3 所示。

图 5-2　寒风中人的自然行为表现

图 5-3　衬衣口袋设计

另外，衬衣扣子的设计也是考虑大部分人惯用右手的习惯，假若进行反向设计，则会让人感到别扭，影响着装人的心情。服装设计师在设计服装时，也要考虑左撇子人群，可以设计一些口袋在右侧的衬衣等。

人的生理需求是最基本的需求，为满足这一需求而发生的生理行为会直接或间接地影响人的心理活动，与此同时，人的心理活动又会反过来影响其生理行为。

人的行为模式主要有两种情况：人的生理行为模式和人的心理行为模式。

（一）人的生理行为模式（人的自然属性）

人通过机体感受外部刺激，刺激信号传入大脑，进行分析和判断，而后做出相应的行为反应，最终达到预期目标。

人做出某一个行为，其会受到复杂的因素影响。同样的刺激可能会引发不同的行为。例如，穿T袖的行为，有的人先把手臂穿进袖子，再把头套过衣领；而有的人会反过来，先把头套过衣领，再将手臂穿进袖子。不同的刺激有时也会产生相同的行为。例如，卷袖子的一个行为，有的人是因为准备洗衣服，而有的人是为了散热，让自己感觉更凉快。

在人各种不同的行为表现中，各个环节都可能相互作用、相互影响，最终产生万千不同的行为表现。其中的过程是由人的生理属性所决定。

（二）人的心理行为模式（人的社会属性）

在人的心理行为模式中，首先人会产生各种不同的需要，其次产生与之相应的动机，最后会采取各种为了满足需求的行为，在实现目标后，又会有新的需要产生。

人的一切行为的根源在于需要，在各种不同的生活或工作的场景中，人需要不同的服装搭配来协调自身与环境之间的关系。动机是为了满足某种需要而意欲采取某些活动的念头和想法，它是推动一个人最终采取某种活动的内在动力。对人的动机与行为之间的关系进行深入的研究，是进行服装设计所要考虑的重要内容。人的动机与行为之间有着复杂的联系，主要表现在以下三个方面。

（1）同一个动机可能会引起各种不相同的行为。

（2）不同的动机也可能产生同一种行为表现。

（3）一个合理的动机可能会引发不合理或是错误的行为。

人的行为最先要有需要，需要是行为产生的基本前提，在行为发生的过程中，需要动机进行连接，一旦付诸行动，目标将会实现。

人着装的动机来源于本身的需要，如御寒保暖、遮羞护体等。但对现代人来说，着装成为一件更为复杂的事，其动机变得更加复杂，其中掺杂着各种因素，具有一定的社会性与时代特征，还受到多种社会大环境、生活小环境、人际关系等的影响，如随大流心理、攀比心理等。

人着装心理的本质是不断追求变化，长期处于单调无变化的视觉环境中，人会产生沉闷低沉的心理压力。如今社会发展急剧，每天都有大量视觉信息充斥视野，如此海量的内容量会严重影响人们的生理和心理调节。在这种情况下，服装的形态设计应当与使用者自身以及使用者所处的环境紧密连接，让服装的形态变化和调整在一定的规范内，繁简适宜，既和谐且统一。那些经过设计的，具有一定规则的、最简洁的、最协调的形态，带给人的心理感受最为良好，视觉体验也最为舒适。人们更倾向于主题简单明了，与环境相协调的形态和视觉呈现。

三、服装设计对着装人的影响

一个人对服装的审美追求，除了让自己身心愉悦之外，更多是为了让其他人看到，得到他人的认同。着装者能够感受到他人对自己服装的评价，这种评价不仅限于语言，还包括态度、表情、眼神、手势等。一个穿着随意、不拘一格的人，如图 5 –4 所示。

图 5 –4　着装随意的形象

人们会对图 5 –4 中人的形象有各种各样的评价，但总的来说，大都认为这种人在生活的各个方面都更倾向于随意，不拘小节，不愿受到任何形式的束缚，这类人群可能会有更多非常规的想法，在创新方面可能会有一些独到的见解。同时，着装人选择的这种休闲随性，并带有明显个性化的服装，对其自身的性格、心情、个人追求、为人处世等多个方面有广泛的影响，着装人因服装已经彰显了自身很多的个性和追求，因此，在日常诸多事项上都会有意无意地以一种独特的方式处理和看待各种问题。日积月累，工作和生活上的各种小细节最终对这个人的心理、性格、处事风格、看待问题的角度等方面都会产生深远的影响。

另一幅是一个着装时尚的女人行走时的图片，如图 5 –5 所示。

图 5 –5 时髦的女性形象

从图 5 –5 中能够看到一个追求时尚，充满高贵气质，一举一动尽显气度的女性形象。人们在看到这一形象时，会不由自主地想多看一会儿，欣赏其身上所散发的时尚魅力和不可阻挡的女性气质。之前有一则著名的广告，里面刻画了一位男士因过于投入地欣赏着一位穿着时髦的女士，而狠狠地撞到电线杆的搞笑情节。这位时髦女士如若看到这一场景，则会觉得十分有趣，也会更得意自己的着装和形象设计。这就是服装投射反观的心理现象。服装投射反观指因着装对他人产生的影响（投射），而被影响者的表现和行为反过来对着装者也产生了影响（反观）。

人的心理受到行为的影响，人做出什么样的动作、摆出什么样的姿态，就会对自己及他人产生相应的心理影响。在现实生活中，人们的诸多举止都与服装有着紧密的关系，由这些举止活动所产生的心理影响，也就是服装对人心理的影响。

一件服装设计完成，也就意味着对着装人行为的设计完成了。舞蹈服装宽大的摆裙，能够让舞蹈者抓起裙摆翩翩起舞，展现优美的舞姿，将舞蹈者的舞台表现进行优化和放大，如图 5 –6 所示。

图 5－6　翩翩起舞的舞蹈者

服装宽袖口的设计可以让人在冬天能够方便地把手伸进袖口进行取暖，如图 5－7 所示。

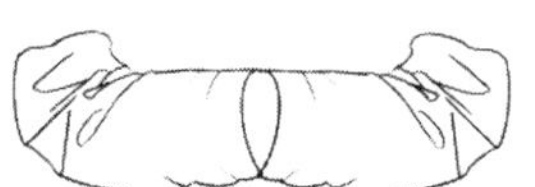

图 5－7　服装的宽袖口设计

图 5－7 中宽袖口的设计就是基于人本身生理需求而做出的改进，充分考虑了人的日常所需。在寒冷的冬天，人们能够从一件衣服中获得舒适和温暖，心情自然也会变得更好。再进一步说，在做其他工作时，人们也会受益于这种好心情，从而事半功倍。

与此类似的设计还有在裤子后面的位置设计一个手形的口袋，给伴侣手保暖的同时，也能时刻感受伴侣的体贴与温度。再如，高领服装的设计，可以抵御冬季的寒风，也能让着装者遮挡部分面部，假若着装者戴上墨镜，手不由自主地向上提拉领口，一副神秘、冷酷、孤傲的形象就呈现出来。如果服装没有高领的设计，着装者不会做出时不时提拉领口的手部动作。还有连在一起，可以牵手的手套；大鞋鞋面上加上小鞋的舞鞋，孩子可以踩在大人的脚上，共跳一支舞。这些设计不只考虑了现实场景的实用性，也将人的感情因素考虑在内，无形中增进人与人之间的情感。可以说，服装中的每一处、哪怕细微的设计，都有可能给着装者的行为带来或深或浅的影响。

四、服装体验设计

在服装体验设计中，服装是重要的道具。设计者为消费者创造出的值得消费者回忆和回味的活动，最终为消费者提供了他们所期待的体验与感受。以中国国粹和女性国服的旗袍为例，大多数人都从电视或电影中看到过女性身穿旗袍的角色或形象。深受旗袍文化影响的受众群体，都会幻想自己身穿旗袍，袅娜多姿、翩跹起舞的优雅姿态。

服装体验设计更加关注人的心理，其在设计过程中更加关注对文化的深度解读和诠释。只有积累了悠久且深厚的文化，才能更鲜明地让人们感受到非同凡响与持续向往。人们所获得的文化经验，一方面来自现实生活和长期教育的经历，而另一方面来自影视、出版物、传播媒介等所呈现出的文化形象，这些文化经验对人们的着装心理产生的影响，往往更为深远而持久。

纪梵希为奥黛丽·赫本（Audrey Hepburn）的电影《蒂凡尼的早餐》设计了一款服装，赫本身穿包身小黑裙，手臂戴有黑色长手套，珍珠项链被一身黑色的基底衬托出更加高贵与雍容，高高挽起的发髻配有钻石头饰，不含而露，再配上《月亮河》的乐曲，穿梭于珠宝名店之间，如图5－8所示。

赫本在电影中塑造的完美形象，在人们心中留下了美好而深刻的印象。人们因此也都想穿上电影中赫本身上的小黑裙，变得高贵而气质非凡。卡尔·海因里希·马克思（德语：Karl Heinrich Marx）曾说过，“忧心忡忡的贫穷人对最美丽的景色都没有什么感觉；经营矿物的商人只看到矿物的商业价值，而看不到矿物的美和独特性”①。只有将利害关系摒弃掉，才能真正静下心，细细体味所见所感之美，体验设计就是这种与心灵相通而又时刻关注人内心的审美经历。

---

① 马克思，恩格斯．马克思恩格斯文集（第一卷）［M］．北京：人民出版社，2009：192.

图 5-8　奥黛丽·赫本经典形象

另一个经典的服装设计来自哈雷皮夹克，其是便装运动类夹克里的一款经典样式。哈雷原本是一个摩托车品牌，而后延伸到其他诸多相关周边产品。与蔚然成风的摩托文化相伴而出的是夹克风潮，这也成为年轻人尽情挥洒自己青春和活力的出口。在这种文化中，夹克更增添了年轻人叛逆、桀骜不驯、争强好胜、自由、开放的精神和力量。哈雷的夹克在年轻人中间已不简单是一件衣服，而是代表了一种追逐潮流的文化、一种年轻人所特有的生活方式。

哈雷·戴维森品牌还包括经典的哈雷黑色短夹克皮衣、手套、T 恤、背包等。哈雷在进行这些包括服装的周边产品设计时，紧紧抓住了年轻人心理，他们对自我个性的张扬与表达，想要展现与周围人的不同之处，彰显自己对这个世界的独特认知。在此基础上，哈雷不断完善关于年轻文化的周边产品的广度和深度，如哈雷牛仔裤、钱包、打火机、刀具等，这些产品形成了哈雷文化庞大而坚固的体系，让追逐哈雷文化的爱好者能够从头到脚，从里到表都能彰显出年轻人奔放不羁的气质。

第二节　基于服装人体工程学的服装色彩设计

在特定的环境中，服装的颜色能够对人起到重要的保护作用，如儿童雨衣，在阴雨天穿上颜色醒目的雨衣，能够降低儿童发生交通事故的概率。而夜间外出的儿童，应穿容易引起行人和车辆注意的反光材料或荧光材料。道路清洁工的衣服选用亮橙色，加上反光荧光条的设计，路上能够引起路人和驾驶员的注意。

正确使用颜色，职场人在工作时能够有效缓解疲劳，提升工作效率，对于一些危险系数较高的岗位来说，还能有效地减少意外事故发生的概率，保护人身安全。当一个团体都穿着相同颜色的衣服时，就能形成衣服的色彩环境。公司里所有员工可以在一个统一的环境中保持舒畅的心情，工作时也更有信心。部队士兵们身穿同样制式的军装，能够营造出的威武雄壮的气势，服装所营造的色彩环境和氛围，能够感染着装的每个人，从而提升着装团队的工作效率。因此，在对团队服装进行设计时，要根据实际情况选取适宜的颜色。儿童餐厅工作人员的服装应选用清新、活泼、明快的颜色，以树立一种干净、整洁、和蔼可亲的形象，如服装主色选用白色、浅绿色、黄色等。研究中心工作人员需要在安静、干净、整齐的环境中安心工作，因此，其服装颜色可选用白色、淡蓝色等。

在人们的日常生活中，色彩能够营造出舒适惬意的生活环境，增加生活的乐趣，让人心情愉悦。通常来说，生活中衣服应选柔和的颜色；婚礼上可选温馨甜蜜的暖色调；夏装选用冷色系；冬装选用暖色系。如今，人们的生活更加丰富多彩，衣服的配色不再局限于以往的种类，人们的喜爱不断发生着变化。

医院选用鲜艳的色彩为患者营造一个安静、干净、卫生的环境。在医疗环境中，鲜艳的色彩能够在一定程度上转移患者的注意力，缓解患者的消极情绪，有时甚至还有助于疾病的治疗。例如，医生可以应用绿色使患者放松下来，以治疗眼部疾病；医生可以应用浅蓝色帮助患者降低血压；医生可以应用蓝色帮助患者平静下来；妇产医生可以应用紫色让孕妇波动的情绪平稳下来，最大限度降低生产时的疼痛。

颜色本身并没有特别的作用，如果人看不清或是看不到颜色，则颜色对人也就不能发挥任何作用。颜色只有在人能够识别的情况下才能真正对人的生理与心理产生一定的影响，因此颜色识别是颜色认知的必要条件。

颜色识别认知分为易识别和难识别两类，工作和生活服的设计大多是易识别的颜色。易于识别的颜色是通过颜色对比和颜色匹配产生的。即使是亮黄色的衣服，如果周围的环境，包括周围的人群，都是黄色的，人也很难看出来，可以说没有颜色对比就没有颜色识别。

颜色可以通过肉眼快速识别。美国营销界总结了7秒法则，客户能够在7秒内决定是否购买一件商品。商家只有为消费者留下难忘的第一印象，引起他们的兴趣，消费者才能更全面地了解商品的包装、质量、功能等方面的信息。有时往往在短短的7秒钟时间内就可以决定一件商品的命运。

颜色识别可以通过可见度来表示。人眼识别颜色的能力有一定的局限，人眼更容易区分颜色的范围及两种或多种颜色间的对比。

一、服装色彩的对比

服装色彩的对比，具体体现在服装与服装间色彩的对比、服装和环境间色彩的对比、一件衣服各个部分之间色彩的对比。服装色彩的对比指服装色彩间存在的矛盾色彩。色彩对比是区分色彩之间差异的重要手段，是配色中首先需要考虑的问题。

服装的色彩对比可分为色相对比、明度对比、纯度对比、面积对比、冷暖对比。其中色相对比包括色相弱对比、色相中对比、色相强对比；明度对比包括明度弱对比、明度中对比、明度强对比；面积对比包括面积弱对比、面积中对比、面积强对比；冷暖对比包括冷暖弱对比、冷暖中对比、冷暖强对比。

第一种服装色彩的对比体现在不同颜色面积的大小影响服装颜色对比效果的强弱，如图5－9所示。

图5－9　色块与面积对比

在图 5－9 中可以看到，左侧图外围色块所占面积较小，中心的色块所占面积较大；而右侧图外围色块所占面积较大，中心色块所占面积较小。在两幅图中，外围色块与中心色块的特性都没发生变化，随着某一色块面积的增加，视觉刺激也会产生明显的不同。两幅图中由于两种色块的占比不同，且两种色块能够形成鲜明的色块对比效果，因而形成了两种不同风格特点的视觉效果。在服装设计中，设计师不仅要考虑颜色的选择，还要精心设计颜色的面积占比，这直接影响最终呈现的作品效果。

第二种服装色彩的对比体现在不同颜色所处的位置与颜色对比的效果有着紧密的关联性，如图 5－10 所示。

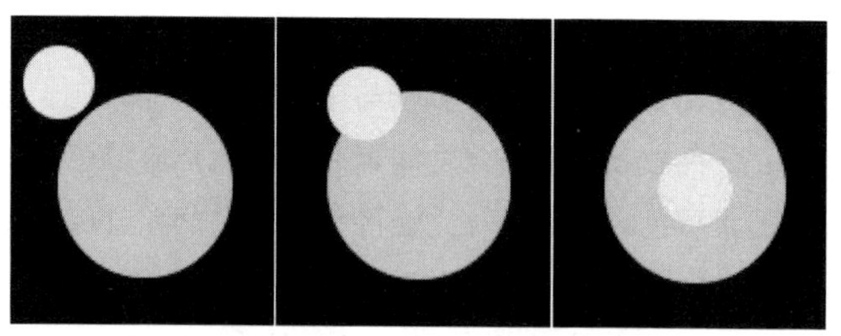

图 5－10　色块对比与位置关系

图 5－10 展示了三幅色块位置不同的效果图，第一幅图中，两个圆处于分离状态；第二幅图中，小圆与大圆处于部分接触的状态；第三幅图中，小圆在大圆的内部正中。从视觉给人的直观感受上进行分析，第一幅图中，两种处于分离状态的色块，其对比效果较弱；第二幅图中，两种处于接触状态的色块，其对比效果较第一图强；第三幅图中，小圆处于大圆的正中心，色块的对比效果强烈。由此可以看出，两种色块距离越近，其对比效果也会越强烈。设计者在进行服装设计时，若想突出某一种或是某几种色彩的视觉表现效果，可以选用第三图中的呈现方式。

第三种服装色彩对比体现在色彩的纹理对比，是色彩和物体的材料特性与图像的表面纹理有密切的关联性，如图 5－11 所示。

图 5－11　色彩的纹理对比

图 5－11 中呈现出三种不同的色彩纹理，带给人的视觉感受不尽相同，若在设计中使用不同的图案材料，其呈现出的效果会更加丰富而有趣。人对于色彩的感知受其表面的触觉能力和视觉感知的影响，图案纹理所呈现出的效果，能够通过人的触觉进行充分感知。在进行服装设计时，设计者可以在同色或同色搭配中通过不同结构或材质的丰富变化来冲淡单一色调所带来的单调效果。

第四种服装色彩对比体现在色彩的连续对比，如图 5－12 所示。

图 5－12　色彩同时连续的对比

从图 5－12 中能够看出，几种不同的色彩同时出现在图案中，这种色彩的呈现称为色彩的同时对比。在这种情况下，色彩的比较、对比度、排斥和效果发生着相互的关联性。当人眼接受到不同的色彩刺激时，人的色彩感知就会发生相互排斥。由相邻颜色所带来的视觉刺激效果，会让人感到原有的颜色改变了其固有的性质，向着相反的方向发展。亮色与暗色相邻，亮色更亮、暗色会更暗。这种现象会在同时对比时呈现出来。歌德说过："同时对比决定色彩美学的实用价值。"① 由此可见色彩的同时对比对于色彩美学的重要意义，进一步可以说明，同时对比在服装设计中的重要价值和作用。

彼此相邻的不同颜色，通常为互补色。相邻的互补色，能够增强各自颜色的纯度。当人看过第一种颜色，再看第二种颜色时，第二种颜色所呈现出的色彩效果会误导人的视觉。当人看第一种颜色的时间越长，这种"误导"的视觉效果也会更明显，而第二种颜色的错觉通常是第一种颜色的补色。这种现象是视觉残像、视觉生理和心理自我平衡的本能反应。例如，医院手术室的环境和做手术医护人员的工作服均设计为蓝绿色，以中和红色的血液，使用恒定的颜色对比让医生看起来为蓝色。而绿色，可以减缓和恢复视觉疲劳，让医生更容易看到血管、神经网络等，以保证手术的精准性和安全性。

二、色彩的空间混合

在一定的视觉空间距离上组合和并置两种或多种颜色可以在人眼中产生一种混杂的效果，称为空间混合。2008 年北京奥运会开幕式上，就巧妙应用色彩的空间混合营造出恢宏大气的场景，演员身穿不同色彩的服装，在视觉空间上进行组合和并置，远处的观众每个人都是一个色彩点，观众和演员共同形成不同的色彩效果。

事实上，颜色实际上并没有混合，它们并不发射光，而只是反射光的混合效果。空间混合的产生必须满足必要的条件：对比面的颜色比较亮，对比度比较强。颜色范围小，形状为小色点、小色块、细色线等，并且形成密集的分布。颜色的位置关系有平行、间隔、交叉等，具有显著的视觉

---

① 张建兴. 服装设计人体工程学［M］. 北京：中国轻工业出版社，2010：84.

空间距离。在服装设计中，常常将不同颜色的亮片缝在一起，以营造出空间混合的效果。

第三节　基于服装人体工程学的服装形态设计

服装形态设计是服装人体工程学研究的重要内容之一，只有设计出符合人体结构的服装形态，才能最大程度发挥人体结构的优势。

一、服装本身的形状

服装的外轮廓是认知服装的首要造型，人眼在没有看清细节以前首先会对外轮廓产生感知。服装的外轮廓是主要的表现形式，其既可以修饰身体，也是服装的审美表达。

（一）服装外轮廓

服装外轮廓主要包括以下几种。

1. 以字母命名

以字母命名的服装如 A 形、V 形、H 形、O 形、Y 形、T 形、X 形、S 形等，如图 5 – 13 所示。

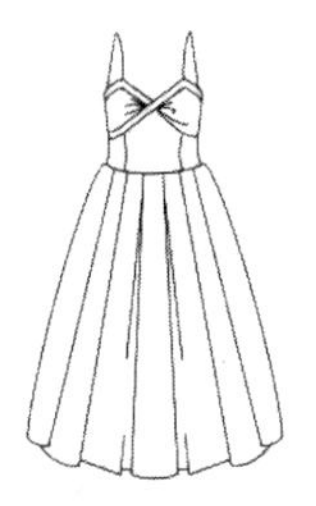

a. A形连衣裙

b. V形衬衫

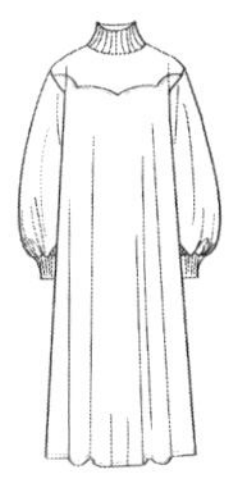

c. H形连衣裙

d. O形上衣

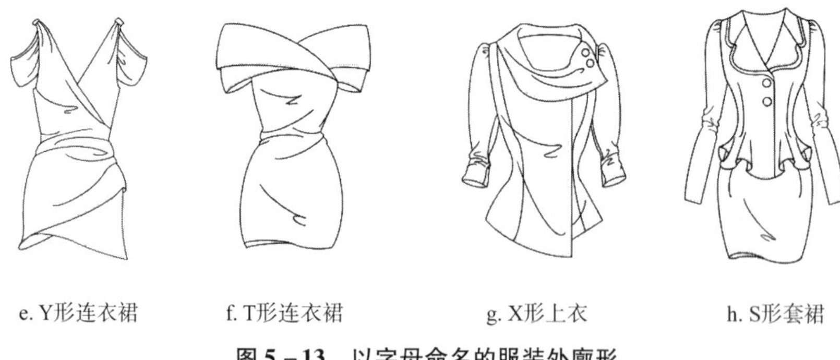

e. Y形连衣裙　f. T形连衣裙　g. X形上衣　h. S形套裙

图 5－13　以字母命名的服装外廓形

2. 以几何造型命名

以几何造型命名的服装如长方形、正方形、圆形、椭圆形、梯形、三角形、球形等，如图 5－14 所示。

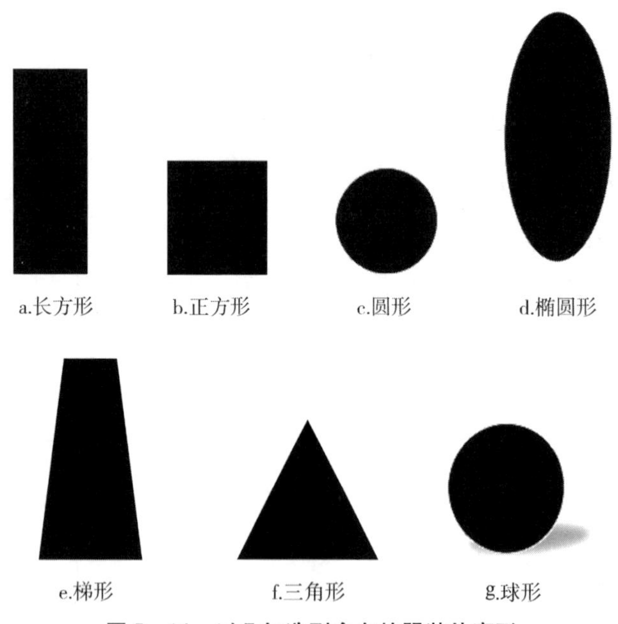

a.长方形　b.正方形　c.圆形　d.椭圆形

e.梯形　f.三角形　g.球形

图 5－14　以几何造型命名的服装外廓形

3. 以事物命名

以事物命名的服装如钟形、喇叭形、郁金香形、纺锤形、陀螺形、圆桶形等，这种分类更容易给人留下深刻印象，如图 5－15 所示。

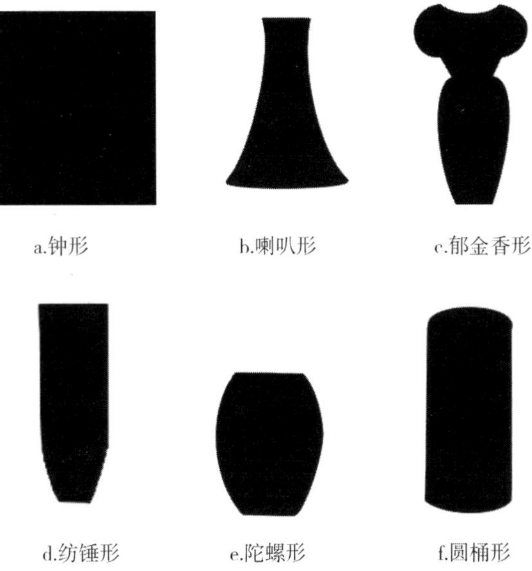

图 5－15　以事物命名的服装外廓形

4. 以术语命名

以术语命名的服装如公主线形、直身形、细长形、自然形等。

（二）影像轮廓的因素

服装造型元素点、线、面、体在廓型中采用相接、结合、减缺、差叠、重合等方式形成各种轮廓。影响廓型形态设计的因素有以下三点。

1. 对比

大小、长短、粗细、多少等，在一定条件下形成对比。

2. 虚实

虚实形成层次、韵律、强弱，而且还可以造成现实与幻想、坚固与松弛、阳刚与阴柔、明快与朦胧的对比，给人带来不同的心理效应。虚实经常用来表现服装形态，带给人视觉上的层次和变化，对服装的风格影响较为明显。

3. 质感

材料质感会产生不同的廓型形态。材料质感有硬、挺、垂、厚、薄、光泽等，同样的款式，材料不一样，外轮廓也会不同，例如，丝绸服装就会贴身悬垂，毛呢材料能够把服装撑起来。因此要根据材料质感，充分发挥材料的各种可塑性。服装的形态也通过结构得以体现，如服装的省、缝，形成服装不同的外观轮廓。

二、服装上的形状——图案与肌理

服装视觉设计随着人们对于美的理解，在认识和需求的基础上，出现了许多艺术形式，如超现实主义、错视觉主义、表现主义、波普主义、立体主义、解构主义、后现代主义等，用形来理解和释放情感和传递信息。服装设计应该关心受众的反应和感受，通过设计使受众心理产生共鸣，从而传递文化观念。

（一）形状的创造

形状本身具有影响心理的情感因素。形状犹如琴键，可以通过不同的组合产生无穷无尽的乐曲。1919 年，在包豪斯建筑学院中，瓦西里・康定斯基（Wassily Kandinsky）将艺术的视觉效果直接与人的内心世界联系起来，关注艺术中的精神因素，其采用几何的字体图形，进行创造性地设计块面构成。巴勃罗・毕加索（Pablo Picasso）对不同质地的形状加以组合，并形成新的视觉语言。未来主义否定静态和谐，强调动态平衡，提倡应用具有动态特征的斜线和弧线强化感情的冲击力，并创造了“图形诗”的格式。达达主义反对传统艺术，追求艺术的完全自由，将自发偶然性行为与周密的考量相结合，摆脱了传统的规划，用剪纸图形设计方式，创造出不和谐的并置和偶然的联系。

超现实班底受到弗洛伊德潜意识理论的影响，研究人类经验中的先验部分，尝试突破符合逻辑与实际的现实观念，将现实观念与本能、潜意识和梦的经验相结合，以营造绝对的和超现实的情境。这种美学观念不受理性和道德观念的束缚，进而会激发艺术家通过不同的艺术表现手法表现最原始的冲动，并释放最纯粹而自由的意象。

超现实主义风格的视觉作品从现实出发，其中所呈现出的元素都有现实依据，但所有元素组合在一起，所呈现出的效果让人感到些许诧异和反常理。因此，超现实主义作品无论是色彩的搭配还是元素的选取，都会让人产生极大的好奇，猜测创作者这种如此反常规的手法，定是有什么特殊的创作意图。这也正是超现实主义风格所追求的反传统的逻辑和道德观念的思想。

超现实主义的目的在于探索比现实更真实的世界，正如弗洛伊德的梦境和潜意识，通过比例的改变、反常规的明暗处理、神秘的三度空间、多层次立体感等手段呈现人的意识与直觉。风格派认为“纯实在”的表现是艺术的最终目的，风格派通常采用纯色的几何图形来呈现作品，对视觉语言进行简化，让有限的视觉因素，营造出非对称的平衡与和谐。

波普艺术所创造的艺术形象源自美国流行文化，追求艺术要与生活紧密融合，同时让艺术与现实进行完美结合，将人们在日常生活中常见的事物创作为艺术品，从普通的事物中重新发现艺术之美。

一幅貌似普通的视觉作品，却可以体现出艺术的美感，从中可以充分感受到生活与艺术的融合，现实与艺术的碰撞。视觉派（光效应艺术）利用纹样和色彩制造出的幻觉效果，能够让受众产生错觉，给人带来强烈的视觉冲击和刺激，其所带有的新奇效果所营造的视觉印象让整个画面拥有无穷变化。

20 世纪 60 年代后，后现代主义与现代主义形成鲜明的对立局面，后现代主义展示出一种不紧不慢，与世无争的佛系思想。其中包含了美学的边界，追求不和谐风格，且风格没有一定的规律，混杂中充满不确定性。较大的随意性让作品进入一个更为自由的时代。服装设计者借助这些不同的设计风格，人类在艺术领域所取得的成果，应用到服装设计中，使服装设计作品呈现出更为丰富的情感信息。

（二）服装图案与肌理

服装图案与肌能够产生不同的视觉效果，通过疏密、远近等，构成服装的不同样式。肌理既可以是部分，也可以是整体，选用合适的肌理成为服装设计的重要手段。

视觉对形态会产生不同程度的延续、放射、聚焦、收缩等感觉，形态的构成是利用部分的形，组合产生新的视觉效果，这些组合的构成可以产生不同的心理效果，如表 5 –2 所示。

表 5 –2　　不同形态在服装构成中的心理效应

外观	形象	心理效应	运用方式
直线		硬、挺、肯定、直接、稳重	边、轮廓、折边、褶、装饰、条纹、几何形
曲线		弹性、松、软、优雅	线缝、折边、装饰线、轮廓
弯线		青春活力、不稳定、力量	线缝、折边、装饰
折线		锋利、规律、硬、急促	装饰线、轮廓
环线		环绕、软、弹性、不稳定、忙碌	缝线装饰、边饰
波浪线		软、流动、优雅、不肯定	线缝、织物图案
卷曲线		复杂、不肯定、不稳定	线缝、折边、装饰线、轮廓
圆		集中、概括、不稳定	扣、贴饰、辑线
椭圆		强调、集中、稳定	扣、图案、装饰
三角形		力量、刺激、动感	扣饰、装饰形
心形		象征性、忠诚性	图案、装饰
花形		生命、自然、热闹	图案、装饰
星形		稳定、力量、严谨	图案、装饰

趣味心理：使人愉快、感到有意思、有吸引力的心理活动特征；臆造心理：凭主观的想法编造，并在心里创造的艺术心理活动；关联心理：事

物相互之间发生牵连和影响，使其在思想上进行组合或思维发散而形成的心理活动；游戏心理：在感知事物的过程中进行主观能动幻想而发展的玩耍和嬉戏，从而产生有趣味性的想法或形态的心理活动。

形态设计的表现形式具体有图底互动、变异荒谬、诙谐幽默、结构重组、视觉连续、空间透视、意象感知、共生思维等，服装图形不同于平面图形，服装形态具有以下特点。

1. 动态化图形

服装图形会随着人的运动而运动，并不断变化。

2. 立体化图形

服装图形既是二维的平面图形也是三维的立体图形。平面面料上的图形会随着服装成型而产生错落、前后、正侧的变化。

3. 图形与着装者相联系

人体是左右对称的，对称图形使人与服装之间更加和谐。图形不仅能使人产生显高显瘦的效果，也会对人的心理产生影响。

三、服装形态设计原则

第一，根据人的视觉特性和视觉规律，达到适合人的辨识速度、辨识特征，使之便于识别。

第二，采用形态之间的对比关系。

第三，形的边界应明确、稳定。

第四，封闭轮廓的形态、规则的形态，视觉效果更强。

第五，部分之间组合成为统一的整体。

第六，服装是一种视觉语言，要求根据需要，考虑视觉文化对心理的影响。

第四节　基于服装人体工程学的服装标志图形设计

服装成衣按规定需要挂多种标志，这些标志对消费者具有指导意义。

例如，在衣领、袖口部位会注有商标，便于消费者确认品牌。

一、服装标志

一般来说，服装标志是由“象征图案”与“文字标志”组成，除此之外，有些标志会简单地融入包括企业理念或品牌使命的文案，称为“品牌理念”。当然，服装标志不一定完全符合上述形式，许多标志只有象征性的图案或文字标志，也有许多企业会按照不同场合设计不同的标志。

服装标志图形应具备以下特点。

第一，服装标志设计的准确性。服装标志设计的准确性意味着标志设计思想的表达要准确。任何标志都是综合元素的体现，所以需要提炼出能够表达服装品位的主流元素进行设计。服装行业标志的设计，需要针对品牌定位、文化等因素，确保标志传达的信息与消费者的需求相一致，符合大众认知心理，易于受众识别和记忆。

第二，服装标志设计的创意性。服装行业市场不断扩大，同款式同价位的服装厂家越来越多，某种服装要想对消费者有吸引力，就需要体现出服装品牌的个性，这里包括服装的标志。标志在设计时要挖掘服装品牌的内在特征，然后加强与其他品牌区别，还需要找到服装品牌的归属，这样才能更好地体现其风格及品味。因此，在进行服装标志设计时，还要注重品牌的形象和意义，注重标志的新颖性，追求个性化，使标志具有无限生命力，如图 5 – 16 所示。

从图 5 – 16 中可以看出，标志设计的构成并不复杂，设计者只选用白色底色来衬托黑色，黑色圆盘被赋予人的手、足、表情，让整个设计看上去鲜活而妙趣横生。从这一设计中可以看出，一个普通的形象，加入一些创意的巧思，就能够呈现出不一样的视觉效果。

第三，服装标志设计的艺术性。服装标志的艺术性是指从视觉角度来看，标志可以给人一种艺术感，它以独特的语言符号穿插于其内在精神，如图 5 – 17 所示。

图 5－16 服装标志设计的创意性

图 5－17 服装标志设计的艺术性

图 5－17 中的标志，将字母与女性的人体线条巧妙地结合在一起，一个半边身子的背影，加上一个没有表情的侧脸，通过简单的线条勾勒，即呈现出充满想象力的艺术性。再配以代表品牌的三个字母，简约而并不简单。艺术性对于服装领域来说，有时十分重要。尤其对于时装来说，更是如此。标志除了要传递准确的信息，有一定的创意元素外，还应具有一定的艺术表现力，体现服装的现代性和多元性，以更具吸引力的视觉表现扩大在受众群体的接受度。

第四，服装标志设计的便利性。服装标志的便利性主要侧重标志的制作、使用和管理。一个好的标志，不仅需要设计和制作，更需要推广。服装标志应在一定范围内设计，在不同环境下展示，在不同媒体上宣传，在不同材料上制作，要有良好的识别功能，如图 5－18 所示。

图 5 -18　服装标志设计的便利性

图 5 -18 呈现了一个设计简洁明了的标志。在现代社会的标志使用中，简洁的标志设计受到越来越多人的关注和喜爱。受到快节奏发展社会的影响，人们没有更多的时间和精力去解读或欣赏一个标志所表达的深刻内涵和意义，而更清晰、更简单的标志不会带给受众更多的视觉负担。

二、服装标志设计流程

通常来说，在设计服装标志时，可以分为以下六个阶段，即服装标志前期调研、确定服装标志的设计方向、绘制服装标志草图、设计服装标志数字、沟通服装标志设计提案、完善服装标志设计。

（一）服装标志前期调研

这个阶段是对服装公司理念的了解、产品的了解以及对竞争对手的分析，这是最基础、最关键的一步。前期调研需要和企业沟通好颜色、形式、气质、字体等一系列具体问题，从而避免设计师后期无休止的更改。

（二）确定服装标志的设计方向

这个阶段主要对调研结果和信息进行汇总，从中提取关键而有效的设计信息，然后将这些信息罗列出来，设计团队进行头脑风暴。从而确定出大致的服装标志设计的方向。

（三）绘制服装标志草图

经过之前的几个阶段，标志设计已经基本成型。设计师会根据自己的灵感，设计出一个或多个方案，绘制服装标志方案草图，包括手绘图、矢量图等。

（四）设计服装标志数字

在集中的草图设计阶段之后，专业设计人员会开始准备把草图转化为电脑上的数字设计。通常这个过程包括选择一个简短的满足设计师创意要求的草图列表。

（五）沟通服装标志设计提案

标志设计师给客户提交服装标志设计方案，对每一个标志进行解释，设计师会结合前期收集的灵感和素材，以及针对客户的调研，对标志进行一个完美的诠释，客户根据设计师的讲述，进行调整和沟通。

（六）完善服装标志设计

标志设计方案确定之后，设计师会完善标志的各个细节，包括比例、间距、粗细等。让标志更加的精致。另外，也要考虑客户使用标志的场景，设计出不同场景的版本，让产品的标志更加完善。

第六章
CHAPTER 6

服装人体工程学与特殊群体*

关心特殊群体的服装，是人体工程学人文主义在服装中最重要的体现。本章重点介绍了老年服装的特殊性及设计造型时应注意的因素，以符合人体工程学的设计为高龄者制作服装。特殊群体指幼儿、65 岁以上老人、智障群体、行动不便的残疾人，社会需要为此群体提供关爱和保护。特殊群体有特殊的生理和心理需求，因此，在服装等设计中应从人体工程学角度进行有针对性的设计。

第一节　高龄者与服装人体工程学

随着我国老龄化程度的加深，老年群体数量越来越多，他们对服装的需求也更加多元化。同年轻人相比，高龄者的生理特征、身体素质、心理状态发生了较大变化，对服装的要求越来越高，一旦服装不能满足高龄者的需求，将会严重影响他们的生活和运动。因此，需要从人体工程学角度对高龄者服装进行人性化的设计。

---

* 本章图片均由笔者自行绘制。

一、高龄者生理结构与运动机能

（一）高龄者的生理结构

与年轻人相比，高龄者运动机能下降，生理结构发生明显变化，脊柱弯曲，肌肉弹性降低。其中老年女性随着年龄的增加，体型也在逐渐变化，如图6－1所示。

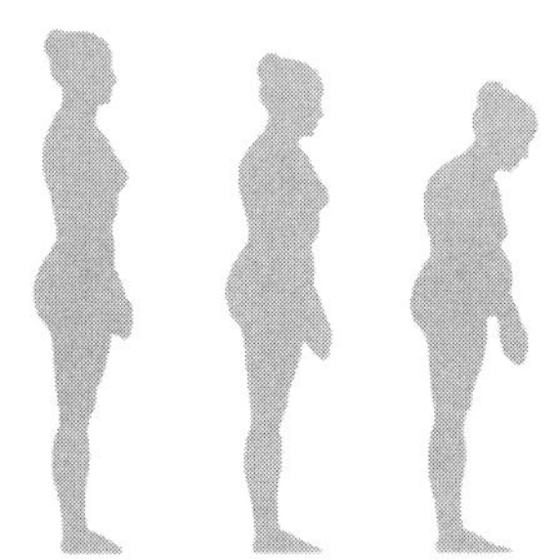

图6－1　女性随年龄增长体型变化

高龄者生理结构特点具体体现在以下五个方面。

（1）高龄者总体的围度特征为腰围增大、腹部肥满、臀部和大腿围均增大。一般来说，男性的胸部常是肌肉减弱状态、前腰部肥满；而女性的胸部通常乳房下垂，前腹部肥满，背围增大。

（2）脊柱弯曲，身体开始缩短，关节硬化，活动区域缩小。同时，身长与指极都在下降。所谓指极是指上肢成水平横举时左右两中指间的长度。其中，女性减少的幅度大于男性，身长下降的幅度大于指极下降的幅度。

（3）青年人与高龄者的臀围横长无明显差异，中年人的臀围横长最大；高龄者的臀围明显增大，而其臀围横长无明显增大，可推知高龄者的腹部比中青年人突出，即腹部的前后径较大。

（4）前胸宽是高龄者的明显特征，而中年人与青年人无明显差异。

（5）中年人的乳房根围最大，高龄者的乳房根围最小。

（二）高龄者的运动机能

和年轻人相比，高龄者的生理结构、身体素质均有所下降，运动机能同样开始下降，包括热量控制、反应速度等。

1. 热量控制

人体的体温必须维持在恒定的范围内，这样才能根据外界温度的变化维持体内的正常新陈代谢。室外温度高、体表血管扩张、体表通过出汗和蒸发带走体内热量，帮助身体降温。

为高龄者所设计的服装，老年冬装如图 6－2 所示，老年夏装如图 6－3 所示。

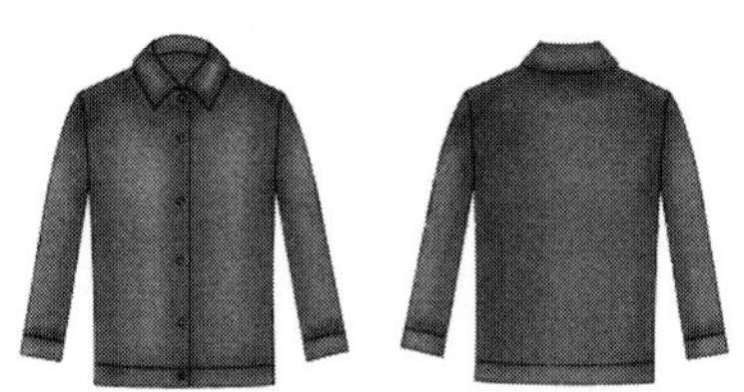

图 6－2　老年冬装

图 6－3　老年夏装

高龄者由于年龄的关系，生理机能不如年轻人，怕冷不怕热。因此，在给高龄者设计服装时，应当充分考虑高龄者体质的这一特点。高龄者的冬装应当选用较深的配色，如黑色或深灰色等，以最大限度吸收热量，起到更良好的保暖效果。与此同时，老年冬装要将领口设计得更窄，纽扣和领口要设计叠门。而老年夏装要选择吸热率较低的面料，注意衣服的透气性，衣服的开口要大，配色要亮，以减少热量的吸收。

高龄者皮肤汗液分泌减少，为了使高龄者着装时感到更加舒适，应当选择纯棉等面料。需要注意的是，当羊毛纤维直接接触人体表面时，一些人会感到过敏，因此需要对其进行特殊处理或尽量避免使用该种材料，这有利于高龄者生理机能的调节。

2. 反应速度

和年轻人相比，高龄者的身体素质有所下降，其反应速度大不如前，因此其活动往往比较缓慢（如走路速度、上楼步伐等），如果服装过于笨重，则会增加高龄者的身体负担，进而影响高龄者的身体健康。在设计高龄者服装时，应当注意服装的重量，尽量选择相对轻便的面料。太厚的衣服会使人感到束缚，从而导致新陈代谢和运动功能下降。太薄的衣服在寒冷的环境中会散发大量热量，难以保持体温，因此，应为高龄者选择适宜的面料。由于高龄者的生理结构和运动机能均有所变化，在设计高龄者服装时就必须注意这些影响因素，从而设计出符合高龄者生理结构和运动机能的服装。

二、高龄者服装现状

随着生活水平的逐步提高，医疗条件的不断改善，人口的老龄化（即人口中 65 岁以上群体比例将会提高）是世界各国尤其是发达国家共同面临的问题。中国作为一个人口大国，老龄化问题不容忽视，根据相关数据预测，预计 2030 年，65 岁以上人口在总人口中的占比可达 24% 左右①。

然而，在服装设计领域，很少有设计者针对高龄者的生理特征和心理需求设计服装，高龄者几乎只能选择年轻人的服装类型，高龄者的服装、鞋子等并不能满足当前的需求，具体体现在以下三个方面。

（一）高龄者服装供需不平衡

目前，生产和设计高龄者服装的工厂相对较少，而我国高龄者的数量又在逐年上升，成衣很难满足高龄者的消费需求，高龄者难以买到便宜又合身的服装，致使供需不平衡。服装生产厂商对高龄者的关注不足，因

---

① 张文斌，方方．服装人体工效学（2 版）［M］．上海：东华大学出版社，2015：267.

此，形成巨大的市场空白。

（二）高龄者服装设计从业人员少

当前从事服装设计的人员整体数量较少，且大多数从事年轻人的服装设计工作，而对于高龄者服装的设计较少。加上当前专门从事生产高龄者服装的企业较少，也就没有针对高龄者服装的设计岗位。

（三）对高龄者体型尚不了解

社会对高龄者群体关注不够，很少有针对高龄者群体进行的体型测量，对高龄者的体型数据的分析和管理也就缺少基础的数据。因此，很多服装设计人员并不了解高龄者的体型等相关数据信息。另外，高龄者体型的测量数据难以收集，体型差异较大，难以共享标准体型。

三、高龄者服装设计的注意事项

由于高龄者手部、足部、指尖的运动都相对缓慢，经常发生晃动、摔倒的情况，因此在设计高龄者服装时，必须遵从人体工程学的原理和相关知识，以最大程度保障高龄者的安全。

（一）掌握高龄者的体型、与衣服相关数据

和其他人群相同，高龄者在体型方面存在一定的相似性和关联性，只有掌握高龄者体型的共性，才能设计出符合大多数高龄者的服装。因此，服装设计者应当做到以下几点。

（1）掌握高龄者的体型类型，并对其进行分类设计。在这一过程中，不仅需要测量高龄者的胸围、腰围、臀围、袖长（或肩袖长）、上裆长、下裆长等，还需要根据高龄者的体型设计出不同的服装结构，以满足高龄者日常活动需要。

（2）选择具有防过敏功能的、舒适的面料。高龄者的皮肤常会产生老年性皮肤干燥症，有痒感，往往容易出现过敏等症状。因此应该选择纯棉纤维类对人体刺激更少的材料。

（3）将视觉、嗅觉、听觉、味觉等个人数据记录在与衣服相关联的项目中。在设计高龄者的服装时，能够更有针对性地保证高龄者的着装安全性。

（二）掌握高龄者的着装风格

对于高龄者的着装风格，除了棕色、酱紫等经典颜色外，还可以选择一些素色花纹或小条纹的衣服，如图6－4、图6－5、图6－6所示。

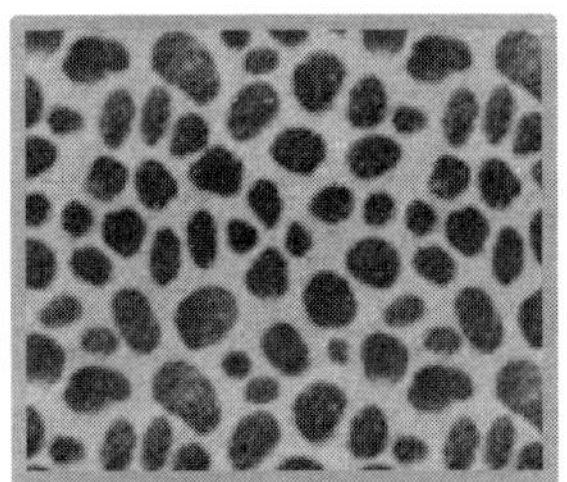

图6－4　花纹设计1

图6－5　花纹设计2

图6－6　条纹设计

除了一部分高龄者喜爱鲜艳的颜色外，另一部分高龄者倾向于素雅、不张扬的颜色和花纹。高龄者习惯于稳重，没有年轻人旺盛的青春活力，但高龄者依然追求美好事物，对生活充满希望与寄托。他们端庄大方、慈祥而与世不争。因此，在针对高龄者进行服装设计时，应当充分考虑高龄者的喜好与内心追求，可以重点考虑以下几个方面。

1. 女性着装风格

在服装款式方面，由于高龄者的腹围较大，穿上后要隐藏腹部，所以上身前不要收腰，在前中线上放开腹围。裤身不要设计褶裥或少设计褶裥。高龄者上衣的胸部围度不宜设计过大，但通常比类似的普通款式的衣服（紧身衣除外）要小 2 ~3 厘米。

在服装颜色方面，尽量避免使用亮度较高、鲜艳的颜色，如粉色、黄色、绿色等，除了棕色、酱紫、酒红色等，还可以选择素色或小格纹、花纹的衣服，尽量贴合高龄者的审美标准，高龄者九分裤及半身裙设计如图 6 –7、图 6 –8 所示。

图 6 –7　九分裤设计

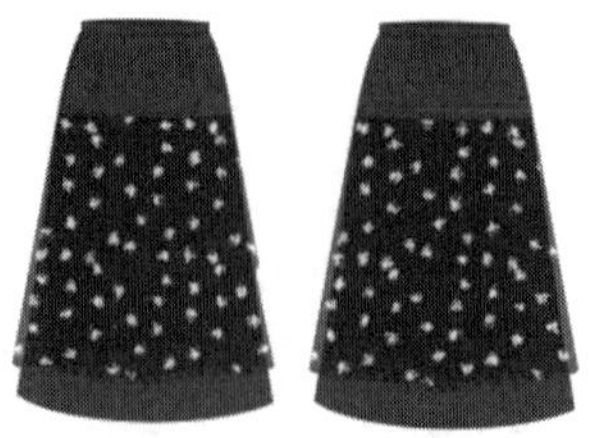

图 6 –8　半身裙设计

2. 男性着装风格

在服装款式方面，男性的服装款式往往较为单调，大多是夹克和休闲装。由于某些男性常年穿西装，在家会追求比较舒适的衣服，因此可以设计一些中式的衬衫和衣服。

在服装颜色方面，由于高龄者心态的变化，大多数高龄者并不喜欢鲜艳的颜色，因此可以考虑棕色、黑色、藏青色等颜色，如图 6－9、图 6－10 所示。

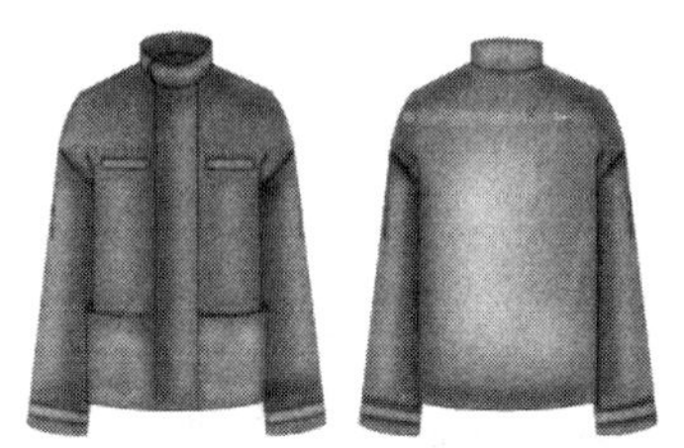

图 6－9　老年夹克设计

图 6－10　休闲服设计

（三）注意高龄者的服装结构

通常来说，高龄者衣服的松紧度比年轻人大 4～5 厘米，腰部的松紧度更大，身体的平衡主要采用前浮卧的形式，使前身着装后更舒适，前后腰的间距比年轻人多，因此身体结构不同于年轻人，在对老年人服装进行设计时，应当注意以下两点。

1. 上衣

老年人袖子设计应宽大，或袖子的底部设计封盖以增加手臂的提升运动，或者采用无袖款式。正面开口，要考虑全开口或半开口（全开口会导致纽扣移动），外套可使用纽扣和拉链。

2. 下衣

上裆要有充分的量。裙子和裤子的长度要适宜，以免影响腿部运动。

不要在裤子底部安装拉链和按扣等紧固件。袴腰部用宽松紧带打褶，便于穿脱，腿口可做成直筒。老年运动性套装设计，如图 6 – 11 所示。

图 6 –11　老年运动性套装设计

材质要侧重吸汗功能，易调节体温。虽然高龄者的身高较年轻人有所降低，背部弯曲，腰部变粗，但服装设计师需要考虑如何让衣服上身后，高龄者可以自由轻盈地运动。因着衣的情况不同，高龄者一天内可能会穿几件不同的衣服，高龄者着装需符合时间、地点和用途。考虑高龄者的心理因素，在高龄者的服装店里，同时展卖年轻人的衣服很重要，这种考虑能够减轻高龄者的心理压力，让他们忘记年龄差，增加购物的心理舒适度。

四、老年功效服装设计步骤

为更好地设计出符合人体工程学的高龄者服装，设计者可以遵照以下几个步骤，进而满足高龄者的生理和心理需求。

（一）界定研究对象

不同年龄阶段、不同性别的高龄者，其生理结构、运动机能、生活环境以及心理状态各不相同，为设计出具有针对性的老年功效服装，设计者首先必须界定研究对象。例如，设计者可以抽取百名 65 岁以上的、独自住在养老院的高龄者，并将其作为设计服装的参考样本，通过对这些高龄者的相关研究，最终设计出老年功效服装。

（二）明确研究对象的服装需求

当确定研究对象之后，服装设计者需要进行下一步骤的工作，即通过访谈、问卷、观察等方式，明确研究对象的服装需求，最终实现服装最佳的功能性，使得服装可以满足基本的日常活动需要。

（1）访谈以问卷的形式进行。问卷主要由两部分组成：第一部分侧重于个人数据；第二部分探讨与年龄相关的体型变化对服装、个人需求和欲望的影响。

（2）从样本中抽取部分高龄者进行初步调查，确定问卷所选择的问题，并根据调查数据确定问卷，将问卷返回给部分高龄者，再针对高龄者的反馈，对问卷进行最终的调整和更改，以形成最终问卷形式。

（三）统计资料与工艺规划

当设计者明确研究对象的服装需求之后，应对这些资料进行统计和分析，而后进行相关的工艺规划。

（1）统计和汇总研究对象的相关数据，包括研究对象的体重、年龄和收入等个人特征，个体身体结构的变化等数据，对服装的要求以及市面上同类服装存在的问题等。通过对这些问题进行分析和总结，设计出符合高龄者需求的服装。

（2）可使用 SPSS 或者 Excel 软件确定调查数据的分布频率。在确定衣服的功能特性时，必须充分考虑因高龄而引起的体型变化，并分析消费者在选择衣服时的要求和心理预期。为了实现最佳的功能性服装设计，根据功能性和社会心理价值对信息进行分类。基于这些信息，设计出具有最佳功能特性的衣服。

（3）确定与设计相关的型号、面料、款式、设计和材料特性，而后制作最终产品样品。

（四）形成服装设计规划

根据收集的信息和相关服装设计知识，高龄者服装设计的需求可以分为功能价值和心理价值两大类，前者指服装本身具有的使用价值；后者指服装对高龄者产生的心理价值。在设计服装时，必须侧重功能价值和心理价值这两个重要的方面。

确定高龄者的服装需求和生理结构特点是设计衣物的首要步骤，可以通过对 65 岁以上人群进行问卷调查来获取这些信息，进一步为设计工作提供依据。

在分析获得的信息后，开始设计服装。设计休闲套装时，考虑高龄者的身体特点，需要在保证舒适度的同时，让衣物具有美观性。需要注意的是，上衣和裤子的设计应合身，避免过紧或过松。上衣的领口设计成字母“V”字形，面料选择柔软透气的莱卡棉。为了满足高龄者运动需求，上衣的上臂部分宽松，袖口设有搭扣带以调整袖长。这样的设计让高龄者在吃饭和洗手时更为方便。上衣前面板的设计考虑换衣的便利，采用了魔术贴式的锁扣。为了帮助高龄者更易于操作，纽扣色彩鲜明，与衣物主色调形成对比。

在设计服装结构时，除了考虑舒适度和实用性之外，还需考虑衣物的功能价值。例如，根据手的自然斜角，将上衣两侧口袋设计成特定角度，以便于取物。上衣底部左右两侧则开设短衩，使高龄者穿着更为舒适。上衣的上臂和两侧部分采用无缝设计，减少摩擦产生的不适感。裤子则选用柔软的弹性面料，后腰处设有松紧带，配合前腰处的腰带，提高穿着舒适度。同时，以尼龙搭扣代替传统拉链，开口处设计在裤子两侧，使穿脱更为便利。裤子前片靠侧缝处设计有两个大口袋，便于高龄者存放物品。裤腿处也设有可调节裤长的扣合带。而在面料选择上，选择颜色较深，不易显脏的棉梭织物。通过上述的设计步骤和细节，可以更好地满足高龄者的日常穿着需求，提升高龄群体的生活质量。

第二节　残障人士与服装人体工程学

与正常人群有所不同的是，残障人士由于身体存在缺陷，其生理结构和运动机能往往会受到不同程度的限制，正常的服装很难满足他们工作、生活和运动的需求，因此需要借助人体工程学知识设计具有特殊功能的服装。

设计者在设计服装时，应当考虑残障人士对服装的功能、结构、材料等方面的需求，进而设计出与之相符的服装。

一、残障人士服装设计的现实状况

我国约有8584.61万残障者，约占全国总人口的6.34%，其中肢体残障人数约占29.1%[①]。然而，残障人士的衣食住行等方面仍有待改善，在服装设计领域很少有人专门为残障人士设计服装。

相比其他行业，残障者的服装产品市场发展始终滞后，没有专门为残障人士服装设计提供的生产链，从事残障人士服装设计的人员也十分有限。服装设计是否符合残障人士的生理需求和心理需求，一直被设计者所忽视。

针对肢体残障人士，在进行服装设计时，设计者无法通过考查他们残障的原因来判定残障者的着装需求，对残障人士生活环境缺乏了解，使得设计出的服装不能满足残障人士的日常生活。例如，残障人士大致可以分为久坐、行走、灵活性受限三种类型，对那些可以行走的残障人士，在设计服装时就应当考虑可能出现的问题，根据穿着障碍与辅助工具特点等方面进行设计。

二、设计残障人士服装的要求和注意事项

在设计残障人士的服装时，设计师不仅需要明确服装的功能、结构和样式，同时需要掌握残障人士个体的具体情况，这样设计出的服装才会更加“人性化”，符合服装人体工程学的要求。

---

① 王刘莹，庹武．下肢残障者服装结构设计研究［J］．中原工学院学报，2016，27（3）：47-49，163.

（一）明确服装的功能、材料和细节设计

在设计残障人士的服装时，由于残障人士特殊的身体结构，设计师不仅需要考虑服装的功能、面料的性能等，还要考虑服装的细节设计，这样才能为残障人士提供更多的便利性和舒适性。

不同类型的残障人士对服装的需求不同，设计师应当根据残障人士的不同需求，设计出不同功能属性的服装。

1. 服装功能设计

根据残障人士对服装不同的功能需求进行分级，有利于服装设计的专业化，对服装进行结构设计，使服装更符合残障人士的实际需求。

（1）坐轮椅的人。坐轮椅的人属于久坐之人，其上肢活动比较频繁、下肢活动受限，在设计该种类型的残障人士的服装时，应当使服装功能具备以下要素。

首先，夹克的长度应该较短，这样夹克不会覆盖轮椅的座面。需要注意的是，轮椅前部应安装易于装卸的紧固带，轮椅座面的宽度和深度应适合人体大小。

其次，裤子前部要低，后部要深。为方便取用小便器，裤子前面的拉链应安装在上档的底部，如图 6－12 所示。

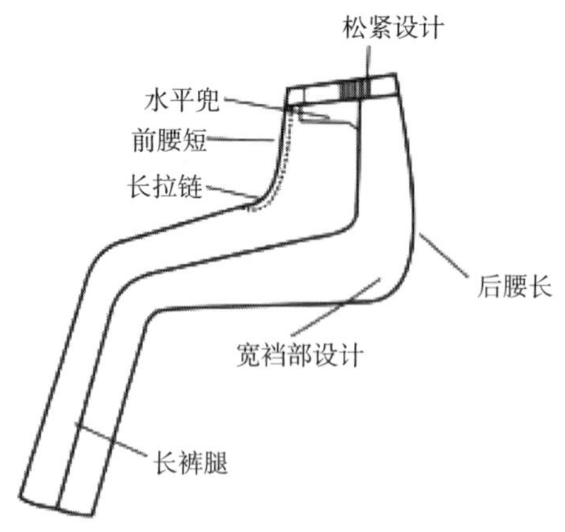

图 6－12 轮椅裤的设计

再次，残障人士下肢血液循环较差，由于下肢长期处于不活动状态，因此下肢热量的保存应从服装的功能设计上具体体现出来。

最后，久坐类下肢残障者如果穿着正常的服装，难免会出现在穿着时会在股沟、膝盖下方出现大量的褶皱。设计师应当兼顾美观设计，对服装关键细节部位进行宽松设计，以掩盖下肢的缺陷。

（2）使用拐杖的人。长期使用拐杖的人，由于其上身发达，下肢活动也较为频繁，因此在设计服装时，应当满足以下条件。

首先，由于衣服的下部压在拐杖上，衣服的下部挂着，所以必须增加插入物的松动度。

其次，手杖使用者的服装设计主要考虑上肢弯曲对服装形态的影响，如服装拉扯使后背和肩部产生紧绷感，袖肘部位上移使服装穿着者不便于行走，因此，需要在这些部位加入合适的结构量，以适应服装运动功能的需求。

最后，使用双腋杖者在行走时身体摆动的幅度较大，因此，他们的服装款式最好采用分体式上下套装形式，以保证动作的舒展性。考虑到审美的需求，套装的上装可长及臀围线以下至大腿中部，以起到更好的掩饰作用，上衣的袖窿深要加大，以便于手臂自如伸展。

（3）手腕活动或手指活动不自由的人。如果手腕和手指不能自由活动，则更多依赖的是手臂和嘴，为满足日常活动需求，在设计服装时应当满足以下条件。

首先，如果手腕受压，身体有残疾，服装的手臂部分要宽大，便于穿脱，也要考虑单臂能轻松穿脱的方法。

其次，对于手指不能自由活动的人，衣服的纽扣要大，避免安装母扣，如必须安装拉链，则拉链拉头要大或使用魔术贴固定开口。

最后，手腕残疾应考虑前面有开口的衣服。

2. 服装材料设计

由于残障人士需要长时间穿戴皮革或金属制作的辅助工具，这些工具带来的热量无法通过身体机能进行调控并有效散热。因此，服装的保暖和散热功能尤为重要，设计者应选择更适宜的服装材料。

（1）内衬面料的选择。轮椅使用者难以保持身体稳定，容易跌倒，因此应使用光滑的内衬。使用光滑度差的衬里时，面料和衬里应在腰部和臀部紧系在一起。另外，最好选择不易产生静电的里料，如再生纤维和100%铜氨纤维，吸湿性好，舒适度高。

（2）雨衣面料的选择。使用防水鞋、防水斗篷、雨衣时，人体蒸发的水汽将面料与人体粘合在一起，造成褥疮，应选用透湿性好的材料。大多数雨衣遇雨会变得更重，更不透水，而内部的蒸汽会产生水蒸气，因此，理想的雨衣，应当满足残疾人在雨天的使用需求。

（3）不燃纤维的选择。可燃性纤维不仅会直接燃烧，并且通过收缩和熔化会粘附在皮肤上，导致灼伤，而残障人士行动不便，一旦发生火灾，将会形成极为严重的后果。因此，残障人士的服装面料应当使用不易燃烧的纤维。

不燃纤维包括不燃玻璃纤维、阻燃丙烯腈纤维、聚苯乙烯纤维，以及纤维加工过程中的阻燃聚酯纤维、阻燃丙烯腈等阻燃材料。有的纤维比较容易处理，有的纤维比较难处理，另外还要考虑洗涤时阻燃剂从织物上洗掉的问题。

3. 服装细节设计

设计师应当尊重残障人士在日常生活中追求自理能力的心理需求，关注服装的细节设计。

残疾人穿脱衣服的难易程度涉及固定开口的附件，包括：拉链、魔术贴、纽扣等。

（1）拉链。拉链的材质有金属、尼龙等，裤子前缘常采用光滑度较好的金属拉链。但由于尿液容易导致金属材料生锈，因此，可使用其他材料制成的拉链。

对于坐在轮椅的人，拉链必须安装在裤子开口的下部（约30厘米）。另外，拉链拉头必须留存一定的尺寸，为手指不能自由活动之人提供便利。

（2）魔术贴。为发育障碍人士和护理人员设计的服装，魔术贴是常用的附件，但需注意的是，在洗涤时，如果魔术贴两边粘在一起时，杂物可能会进入魔术贴的粘连处。

（3）纽扣。小纽扣对于手指不灵活的身心残障人士来说，使用较为困难，因此，在使用时，最好选用体积或形状较大的纽扣，如珍珠纽扣。

（二）掌握残障人士的个人情况

对残障人士而言，由于他们的生理结构和身体机能发生某种程度的变化，要想更好地设计出符合人体工程学的服装，就必须掌握和了解以下事项，才能设计出真正符合残障人士需求的服装。

首先，服装设计者需要了解和掌握残障人士的具体情况，包括残障人士致残的原因和时间，也要考虑残障人士当下的生活状态。例如，如果由于交通事故或体育事故致残，服装设计者应当要考虑残障人士致残前的着装习惯，突然的事故致使其很难马上适应突变的现状，服装设计要考虑其在心理上的巨大波动，服装最终的设计效果要最大限度满足这类群体的功能需求，特别是心理需求。

其次，服装设计者需要了解和掌握残障人士的日常生活状态，日常出行情况。例如，如果着装者的活动较多，其服装设计者应当遵照便利性原则，尽量降低着装者被服装束缚的感觉，为其设计出符合需求的服装。

再次，服装设计者需要考虑残障人士的肌肤感受，根据肌肤的感知度选择契合其皮肤的面料，使服装上身后更加舒适和便捷。

最后，服装设计者需要倾听残障人士内心的真实想法，每个人都会有自己的想法和着装的目的，除了遮体御寒外，表现自己的审美旨趣和想法是其中最为重要的一个方面。因此，服装设计者在对残障人士进行服装设计时，应当充分考虑残障人士各个方面的个人信息，如性格、身体、喜好、形体等，进而设计出更适合残障人士着装的服装。

（三）注意残障人士的心理诉求

与正常人一样，残障人士也拥有追求美的权利，在他们的内心深处，不希望从服装上体现出与他人的不同，他们不希望引起更多人的注意和注视。因此，他们希望能够同其他人一样，穿同样花色的衣服，有身体障碍的小孩子的父母希望自己的孩子能够像其他孩子一样，穿着艳丽可爱的衣服，无拘无束地玩耍嬉戏。

设计师在设计残障人士的服装时，需要特别留意残障人士的心理诉求，关注残障人士的内心感受，倾听他们对着装的一些特殊要求。

（四）注意残障人士服装的宽松量

残障人士多数会存在穿脱衣服的障碍，贴身的、有伸缩性的服装虽然活动起来比较方便，但在穿脱时存在困难，且有时会限制残障人士的活动。宽松的衣服穿脱相对容易，但设计过于宽松时，则容易使残障人士踩住进而有摔倒的风险。因此，设计师必须注意残障人士服装的宽松量，设计适宜的宽松量，既保证服装的功能性，也要保证其安全性。另外，还要考虑残障人士身体活动，衣服、鞋、帽、手脚的辅助用具都必须考虑在内。

三、为残障人士设计服装的步骤

从残障人士自身需求出发，并考虑他们的心理需求，其设计过程可以分为以下三个步骤。

（一）设计阶段

设计师有必要掌握残障人士对服装的需求等信息，这样才能设计出残障人士喜爱的服装风格。因此，在设计阶段，可以通过问卷调查等形式了解残障人士的穿衣风格、个人情况、生活习惯等信息。

1. 了解着装者要求

采用问卷调查的形式获得着装者的要求，包括特殊的时尚特点、衣料、风格特征等。

——你最喜欢什么颜色？你认为你穿什么颜色的衣服最舒服？你喜欢金色或银色的饰品吗？

——你喜欢什么风格的衣服？领子？袖子？你喜欢什么样的花边或装饰？

——你感觉衣服的哪部分需要最大化？最小化？

——你对服装有什么特殊需求吗？

——你对哪种布料过敏？

——你喜欢合体、紧身还是宽松风格？你喜欢弹性面料还是非弹性面料？

——你认为一件衣服怎样设计才能让你感觉更舒服呢？

——你喜欢什么类型的布料？你喜欢织物面料还是光滑剔透的布料？

——当你购物时，你通常会听取谁的意见？家人的还是朋友的？

2. 人体测量

由于残疾人体型不对称，需要从身体两侧测量数据，如整个肩膀到胸部，整个肩膀到腰部。在某些情况下，左右两侧的纵向差异，例如肩线到腰线，肩线到胸线和胃线，可以达到 2 厘米。强烈拱起的脊椎的肩部、腰部等部位的平整度应谨慎处理，其平整度会极大地影响股线的方向。脊柱的弯曲度影响肩部、腰部和臀部的均匀度。

3. 生活习惯

每个人都有不同的生活习惯，残障人士同样有各自的生活习惯。为设计出符合残障人士需求的服装，设计者有必要了解他们的生活习惯，包括出行频率、上肢活动较多还是下肢活动较多等。

——你喜欢的运动是什么？活动频率是多少？

——吃饭时喜欢用左手还是右手？喜欢用筷子还是勺子？

——你平常在家里哪个位置活动较多？

——出门的时候喜欢穿什么类型的服装？

——你平常上肢活动多吗？

（二）样板和样品的制作

当设计师了解残障人士的生理结构、心理需求等信息之后，则可以开始设计服装的样式，并开始制作样板和样品。

在确定设计方案时，图案由悬垂法确定，即直接覆盖志愿者的方法，其过程如下。首先，志愿者必须保持正常的站立姿势，并将织物线的方向设置为垂直于地面；其次，在初始切割和标记后，切割图案织物的多余部分并进行必要的调整，尤其是领口、腰部和袖窿等多余部位应被剪掉和调整；最后，经过快速检查，上面的所有标记都用来代替织物以创建图案。需要注意的是，由于着装者由带子支撑以保持直立姿势，而布料通常放置在适当的位置使其不暴露，这很难确定覆盖了多少布料。因此，身体部位使用绘图技术绘制，而后使用遮罩技术进行拟合。

在制作服装样品时，必须检查服装合身性并观察样品的运动状态。特别是，应时刻关注用户对拐杖和升降机的使用，并在适合性测试中考虑它们产生的影响。如果残障人士走路时身体前倾等，必须注意过长的前褶边线存在的危险性。当着装者行走时，褶边会挂上拐杖，进而撕破衣服，甚至绊倒着装者。因此，残障人士服装的前下摆一定要短，后下摆可稍长。

（三）服装生产

一旦制成织物样品和纸样便可制作衣服。有些地方需要进行特别缝合，如拉链的位置，适宜选用隐形拉链。由于前后中心线已被移除以隐藏脊椎，因此，拉链应缝在侧缝内。

拉链通常设计在左侧接缝处。但是，有时由于脊椎弯曲导致侧缝长度发生变化，需要将拉链放在右缝处。脊柱的曲率导致上半身沿左线或右线弯曲，就像两条平行曲线，弧形侧缝的外表面是放置隐藏拉链的理想选择，因为侧缝越长，脊椎的弧度越不明显，而拉链可以自然地沿着侧缝，呈现出好看的线程。合身的衣服在特殊服装的设计过程中起着十分重要的作用，其可以增加残疾人的自信和吸引力。

设计师必须考虑残障人士的具体情况，并从他们的生理需求和心理需求出发进行设计。例如，如果服装有前后中线，设计师必须让残疾人的脊椎看起来笔直。侧缝应正确处理，使其垂直于地面。另外，针对特殊需求的服装设计可能会有较大的市场需求。除了越来越多的残障服装网站，3D人体扫描法也可以用来设计更合身的衣服。不管服装制造技术发展到多么先进的程度，都不能脱离人性化的考量。脱离以人为本的服装设计思路，不管技术多么先进，面料多么优质高档，都不可能制作出残障人士所需要的服装。因此，在为残障人士进行服装设计时，应当充分将人的因素考虑在内，时刻站在残障人士的角度思考服装设计的问题，设计出更合身的服装，满足残障群体的生活、工作、出行和审美等方面的需求。

参考文献

[1] 白淳．立体编织在服装与服饰设计中的创意表现［D］．沈阳：鲁迅美术学院，2022.

[2] 崔荣荣．现代服装设计文化学［M］．上海：中国纺织大学出版社，2001.

[3] 戴宏钦，卢业虎．服装工效学（2版）［M］．苏州：苏州大学出版社，2017.

[4] 董世甜．服装设计中的隐喻表达研究［D］．郑州：中原工学院，2022.

[5] 董学良．基于深度学习的局部服装图像风格迁移研究［D］．武汉：武汉纺织大学，2022.

[6] 冯霖，陈晓玲．服装人体工程学技能训练［M］．北京：北京理工大学出版社，2012.

[7] 冯霖．服装结构设计中人体工程学的作用与影响［J］．美术文献，2018（4）：119－120.

[8] 冯旭敏，温平则．服装工程学：服装商品企划、生产、管理与营销［M］．北京：中国轻工业出版社，2003.

[9] 黄德朝．人体工程学在服装设计中的应用［J］．毛纺科技，2018，46（3）：71－74.

[10] 冀来生．服装人体工程学引入三维人体测量技术的可行性探索［J］．吉林省教育学院学报（学科版），2010，26（11）：162－163.

[11] 冀来生．服装人体工程学与现代服装的前瞻性［J］．吉林省教育学院学报（学科版），2009，25（11）：157－158.

[12] 姜南．基于深度学习的服装流行风格研究与应用［D］．上海：东华大学，2022.

［13］冷绍玉．服装熨烫工程［M］．北京：中国标准出版社，1990.

［14］李金强，何红炉．服装标准工时［M］．北京：中国纺织出版社，2017.

［15］李琴．人体工程学对于服装设计及发展的重要性［J］．江苏纺织，2013（12）：54－55.

［16］李咏，杨晓艳．服装人体工程学在服装设计中的应用［J］．河南科技，2010（11）：32－33.

［17］刘俊廷．可持续视域下服装重组再利用设计探究［D］．沈阳：鲁迅美术学院，2022.

［18］刘水妹，张小美．服装生产实训教程［M］．北京：北京理工大学出版社，2010.

［19］刘阳．人体工程学在服装、鞋履设计上的应用研究［J］．明日风尚，2018（16）：32.

［20］陆鑫．服装缝制工艺：男装篇［M］．北京：中国纺织出版社，2019.

［21］闵悦，万萍．服装人体工程学［M］．北京：北京理工大学出版社，2009.

［22］潘健华．服装人体工程学与设计［M］．上海：东华大学出版社，2008.

［23］潘健华．服装人体工程学与设计（2版）［M］．上海：东华大学出版社，2015.

［24］邱书芬．人体工程学对服装结构设计的作用与影响［J］．黑龙江纺织，2014（4）：6－7，10.

［25］任丽惠，周文辉．服装生产管理［M］．北京：北京理工大学出版社，2010.

［26］石晶晶．基于服装人体工程学的6－12个月婴儿服装结构设计探究［J］．品牌，2015（5）：161.

［27］孙航，王林．浅析服装人体工程学实验室管理模式的研究［J］．营销界，2020（48）：166－167.

［28］孙喜英．服装用标准女子人体模型的研究与应用［D］．上海：

东华大学，2004.

［29］汤显法．基于服装人体工程学的汽车座椅舒适性探讨设计［J］．广西纺织科技，2010（2）：13－15.

［30］屠晴园．服装设计中模块化设计方法的应用与实践研究［D］．南京：南京艺术学院，2022.

［31］万志琴，宋惠景．服装生产管理（5版）［M］．北京：中国纺织出版社，2018.

［32］王辉．服装结构设计中人体工程学的运用研究［J］．鞋类工艺与设计，2021（9）：19－20，33.

［33］王琳．浅析人体工程学在服装三维空间形态中的应用［J］．戏剧之家，2016（14）：264.

［34］王曼青，凌群民，汪泽幸，等．人体工程学在特种防护服装结构设计中的应用［J］．轻纺工业与技术，2020，49（10）：79－80，86.

［35］王雪．浅析女装男性化意识在现代服装设计中的创新与应用［D］．天津：天津美术学院，2022.

［36］王卓然．充气技术在未来主义风格服饰设计中的应用研究［D］．沈阳：鲁迅美术学院，2022.

［37］魏晓洁．浅析面料再造在服装设计中的应用［D］．天津：天津美术学院，2022.

［38］温平则，冯旭敏．现代服装工程管理［M］．北京：中国纺织出版社，2010.

［39］邬红芳，孙玉芳．服装人体工学［M］．合肥：合肥工业大学出版社，2009.

［40］奚柏君．纺织服装材料实验教程［M］．北京：中国纺织出版社，2019.

［41］谢红．服装企业信息化工程［M］．上海：东华大学出版社，2013.

［42］徐静，王秀芝．新建地方本科院校纺织类专业规范研究：纺织工程专业规范研究、服装设计与工程专业规范研究［M］．上海：东华大学出版社，2012.

［43］闫冰．基于皮革服装设计和人体工程学的论述［J］．轻纺工业与技术，2015，44（5）：23－24.

［44］杨永庆，张岸芬．服装设计［M］．北京：中国轻工业出版社，2010.

［45］杨兆才．情绪化线性造型在服装设计中的应用研究［D］．石家庄：河北师范大学，2022.

［46］张培婷．国潮流行背景下针织服装的设计创新研究［D］．无锡：江南大学，2022.

［47］张渭源．服装设计与工程［M］．上海：东华大学出版社，2003.

［48］张辛可．服装概论［M］．石家庄：河北美术出版社，2005.

［49］周旭东，宋晓霞，谢红等．服装快速反应系统［M］．北京：中国纺织出版社，2008.

［50］朱一帆，秦杰．论服装结构设计中人体工程学的作用与影响［J］．新西部（下旬．理论版），2011（4）：135，145.